超级记忆法

世界上最有效的记忆法

左岸◎编著

SUPER MEMORY

中国商业出版社

图书在版编目（CIP）数据

超级记忆法：世界上最有效的记忆法 / 左岸编著.
—北京：中国商业出版社，2016. 7
ISBN 978-7-5044-9532-7

Ⅰ. ①超… Ⅱ. ①左… Ⅲ. ①记忆术—通俗读物
Ⅳ. ①B842. 3-49

中国版本图书馆 CIP 数据核字（2016）第 186937 号

责任编辑：武文胜

中国商业出版社出版发行
010-63180647　www. c-cbook. com
（100053　北京广安门内报国寺 1 号）
新华书店总店北京发行所经销
三河市华润印刷有限公司
★　★　★　★　★
710×1000 毫米　1/16　15 印张　222 千字
2016 年 9 月第 1 版　2017 年 11 月第 4 次印刷
定价：38. 00 元
★　★　★　★
（如有印刷质量问题可更换）

前言
Preface

21 世纪是一个信息时代，谁掌握的信息越多，获得的知识越多，谁的成功几率就越大。所以说，记忆能力的强弱，直接影响着我们的人生。股神巴菲特曾说过：“好的记忆力，并非一定让你成功；如果记忆力不好，甚至像个糊涂虫，你一定会失败，并且失败得非常难看。”早在公元前 5 世纪，古希腊戏剧家爱斯鸠鲁就认识到“记忆是智慧之母”，伟大的思想家亚里士多德就记忆的威力，也说过类似的话。

的确，记忆对人的发展至关重要。古今中外，许多成功人士均具有超常的记忆力，记忆力是他们人生中的一笔宝贵财富，能够为他们事业取得成功保驾护航。当年，拿破仑能够叱咤风云，卓越的记忆力为他提供了可靠的保障，在常年的行军打仗中，据说他能记住军队里每一个士兵的面孔和他们的名字，能够准确无误地记住设置在法国海岸的大炮的位置和种类；英国哲学家米尔 10 岁前就掌握了好几个国家的语言；参加挖掘特洛伊遗迹的施里曼同样记忆力惊人，成人后依然可以背得出父亲在他幼小的时候教他的诸多诗篇；日本盲人高保己一，可以把相当于几十本容量的大辞典背得滚瓜烂熟，并且可以把围棋的各种棋局招数都能背诵出来。

可见，超强的记忆具有神奇的魔力。相信每一个人都希望能具备这种记忆力，但有人却说自己的记忆力天生就不好，根本没法改变。这是一种错误的想法，是对自己不负责任的表现，我们不否认记忆天才的存在，同时也不否认通过努力成为记忆天才的可能性。人们常说，每个人无论在学习、工作还是生活中，最多只发挥了大脑潜能的 10%。换句话说，一般人在日常生活中所使用的脑力，只占全部脑力的几十分之一或几百分之一。记忆术却可以使之提高一倍之效，即把这几十分之一、几百分之一的“一”，变作“二”。因为这种脑运动是有意识的、人为的，如能经常作这种脑运动，就可防止大脑老化。因此对于我们能否提高自己的记忆力这个问题，回答当然是肯定的。任何人的学习和社会实践，都积累了丰富的知识和经验，如果把它系统地交织在一起，就会有超强的记忆力。

记忆包括我们的身份、个性与智力，以及所有我们想要保存经历的总和，随着年龄的增长，我们的记忆力会减退。那么，作为普通人如何提高自己的记忆力呢？倘若采用古老枯燥、死记硬背的笨方法，很难想象何时才能达到既定的目标！除非有坚强的毅力做保证，否则大多会半途而废。不掌握科学、快速的记忆方法，费时费力的老牛拉破车的学习速度又怎能跟上信息时代的步伐？所以，本书给你一个提升记忆力的契机，根据本书提供的信息和知识，经过系统的学习，你就能拥有超级记忆的能力。总之，在记忆超常的众多“天才”中，他们之所以能与众不同，仅仅在于他们用心练习记忆术而已。换言之，作为普通人的我们，只要按照本书提供的方法去做，同样也能在记忆领域里做出一番惊人的成就。

目录
Contents

第一章　先认识记忆的本质，再拥有超级记忆

一、记忆的魅力就是这么如此神奇　002
（一）记忆到底怎么回事儿　002
（二）这个档案系统大到你无法想象　003
（三）海马是记忆的中心　005
（四）大脑颞叶是记忆的库房　006
（五）核糖核酸是贮存记忆的大分子　007
二、记忆的三个关键阶段　008
（一）获取阶段——你获得了信息　008
（二）贮存阶段——你将信息归档　009
（三）追忆阶段——你能在大脑中找到需要的信息　009
（四）记忆过程——三者紧密相连　010
三、感觉器官是记忆的重要通道　011
（一）视觉记忆　011
（二）听觉记忆　013
（三）嗅觉记忆　014
四、感情在记忆中扮演的角色　016
（一）感动我们自己的事为什么更容易忘记　016
（二）以自我为中心的记忆　016
（三）瞬间记忆　017
（四）当感情阻碍记忆时　017
五、为什么有的人记忆“好”，有的人记忆“差”　018
（一）好的记忆与年龄有关吗　018

(二) 差的记忆是基因决定的吗 019

(三) 男性和女性的记忆有所差别 019

(四) 个人文化对记忆的影响 019

(五) 好的记忆与智力成正比 020

六、疾病不仅给身心造成痛苦，同时也影响记忆 020

(一) 脑损伤导致记忆紊乱 020

(二) 智力疾病制约智力发展 021

七、认识压力，有助于我们提高记忆 022

(一) 压力的本质 023

(二) 压力对记忆的影响 024

八、主动遗忘是为了更好的记忆 025

(一) 了解“遗忘曲线”，加强记忆力 025

(二) 积极的遗忘是件好事儿 027

第二章 拥有超级记忆，

必须“养”好大脑

一、人的大脑里藏有哪些秘密 032

(一) 脑的功能 032

(二) 左脑与右脑的差异 034

(三) 左右脑协同工作 036

(四) 大脑潜能开发的关键在右脑 038

二、脑细胞的记忆机理 038

(一) 神经元和突触 039

(二) 如何传递信息 039

(三) 记忆的细胞机理 040

（四）习惯化与敏感化 040

（五）长期协同增效作用 040

（六）生物电的改变 041

（七）神经元的改变 041

三、给大脑做“操”，对记忆大有好处 042

（一）积极暗示法 042

（二）精细回忆法 043

（三）奇特联想法 043

（四）限时强记法 045

（五）记忆保健操 045

四、音乐治疗让你获得真正的脑力 045

（一）音乐能解除生活中的紧张 046

（二）音乐能使人彻底放松 047

五、大脑在运转的过程中所需的营养 047

（一）氨基酸是大脑的营养品 047

（二）磷脂是脑细胞的润滑剂 049

六、要想记忆好，健脑最重要 050

（一）脂肪是大脑的重要营养物质 050

（二）糖类是大脑必备的主要食粮 050

（三）蛋白质为智力活动提供基本保障 051

（四）维生素可以促进大脑的灵活性 052

（五）矿物质为大脑的健康护航 054

七、科学饮食，是提高记忆的基本保障 055

（一）食物的酸碱度必须平衡 056

（二）不利于记忆的饮食习惯 057

八、解除脑细胞疲劳，记忆自然就好 057

（一）睡眠之谜 058

（二）保证睡眠 059

第三章　抓住必备条件，实现超级记忆就这么简单

一、敏锐的观察力，永远是提高记忆的先导 064
（一）你的观察力敏锐吗 064
（二）记忆如同银行的存款 065
（三）心理学家的观察也各自不同 066
（四）记忆的根本是细心观察 066
二、高度的注意力能保持记忆的持续性 068
（一）注意力不够 068
（二）注意力具有指向性 069
（三）分散注意力的事物 069
（四）提高注意力的途径 070
三、兴趣是提升记忆的基础 073
（一）兴趣高低之于记忆 073
（二）处世态度影响你的记忆力 074
（三）培养兴趣的途径 075
四、有强烈的动机，就一定能提升记忆 079
（一）动机到底是什么 080
（二）记忆动机与提高记忆成正比 081
（三）记忆动机是走向成功的动力 083
五、积极的思维，为加深记忆保驾护航 085
（一）思维与记忆的关系 085
（二）思维方法与记忆的关系 087

（三）培养正确思维的方法 091
六、开启照相记忆力，阅读从此不再缓慢 092
七、有了明确的目标，就能激发记忆的效能 094
（一）尽快确定你的目标 094
（二）闯过“记忆的死亡线” 095
（三）如何确立记忆目标 097
八、相信自己，你就能成为记忆精英 098
（一）自信心对记忆的作用 098
（二）培养自信心的方法 099
九、重复的次数越多，记忆就越深刻 100
（一）科学重复之于记忆 100
（二）六大重复技巧强化记忆 101

第四章　展开联想的翅膀，才能飞入超级记忆的殿堂

一、联想是记忆的基础，帮助我们创造辉煌 108
（一）事实基础 109
（二）思维基础 109
（三）观察基础 110
（四）记忆基础 110
二、接近联想法，让记忆告别尴尬 111
三、定位联想，总能让记忆产生奇迹 113
（一）地点形象化 114
（二）运动中创造记忆 114
（三）时时更新记忆载体 115

(四) 加强空间记忆力 116
四、读懂事物本质，类似联想让记忆稳步递增 117
五、对比联想可以在潜移默化中延展记忆的宽度 118
六、逻辑联想，让记忆不同凡响 119
(一) 整体与局部的关系 120
(二) 原因与后果的关系 120
(三) 对立与统一的关系 121
七、“自由”联想，助力记忆天马行空 122
八、物象联想，犹如桥梁把信息输入到脑细胞内 123
(一) 观念与体验的联想是记忆的基础 124
(二) 用物象法记忆最有效 125
(三) 用卡片进行物象联想的基本训练 127
九、遗忘是正常现象，联想可以帮你防止遗忘 128
(一) 你健忘，是因为你没联想 128
(二) 联想最好是不合逻辑、荒诞离奇的 129
(三) 寻找、创造有趣的联想 130
(四) 创造一个背景去联想 131
(五) 要人为地创造有趣的联想 131
(六) 失神状态，容易遗忘 132

第五章　认识事物的本质，决定超级记忆的成败

一、理解透了，记忆自然就加强了 136
(一) 理解记忆的优势 136
(二) 如何运用理解记忆 138

二、有舍就有得，记住该记的东西 139
（一）别奢望把所有知识都装进脑袋 140
（二）如何运用选择记忆 142
三、在比较中思考，在思考中加深记忆 143
（一）比较记忆法的好处 144
（二）如何运用比较记忆 145
（三）比较记忆的要点 147
四、掌握归类记忆，可以让你的大脑科学化 147
（一）归类记忆法的好处 147
（二）如何运用归类记忆 149
五、把信息系统化，大脑就是一个庞大的图书架 150
（一）系统与记忆的关系 150
（二）如何运用系统记忆 152
六、将识记材料“串”起来，记忆就变得一目了然 153
（一）提纲记忆法的好处 154
（二）如何运用提纲记忆 154
（三）运用提纲记忆应注意的事项 155

第六章 趣味是一大法宝，刺激我们实现超级记忆

一、兴趣是最好的老师，记忆也如此 158
（一）兴趣对记忆的影响 158
（二）如何运用兴趣记忆法 160
二、把需要记住的材料编成故事 162
三、比喻是一种技巧，可以满足记忆的需要 164

（一）比喻的妙处 164
（二）比喻有助于记忆 165
四、改错最能加深记忆 167
五、运算既动手又动心，数据在你脑中扎下根 169
六、抓住事物的特征，记忆不会随便遗忘 171
（一）特征与记忆的关联 171
（二）如何运用特征记忆法 172
七、把脉事物的规律，记住就变得轻而易举 174

第七章 打开音韵之门，超级记忆不再是传奇

一、根据谐音强化记忆 178
（一）谐音双关法 179
（二）按周期记忆 180
（三）按“族”记忆 181
二、利用歌诀记忆，给大脑减压 182
（一）认识歌诀记忆法 182
（二）歌诀记忆法的方法 183
（三）运用歌诀记忆法注意事项 188
三、用好韵语记忆法，任何困难都不怕 188
四、编好字头，轻松记忆不费力气 190
五、“地球之歌”是记忆的重要媒介 191
（一）我们处在音响世界里 192
（二）如何利用音响增进记忆 193

第八章　最基本的方法，是成就超级记忆的起点

一、千万不要忽略随手可得的记忆法 196

（一）重要的事放在开头和末尾 196

（二）勤快的双手是记忆的保证 197

（三）读出声来能够帮助记忆 199

二、运用常规提升记忆 200

（一）限定时间记忆 200

（二）由易到难记忆法 201

（三）循序渐进记忆法 202

（四）适当速度记忆法 203

三、全脑阅读，让左右脑同时运作起来 203

（一）如何运用全脑阅读 203

（二）扫描阅读法具体怎样进行 205

四、增强记忆的最佳记忆时间 206

五、秘诀虽小，却能起到大的作用 207

（一）一次记事不过“七” 208

（二）触景生情最好记 208

（三）利用相反、相近关系增强记忆 209

（四）记忆对象越少就越鲜明 209

（五）边问边记忆效果好 210

六、善于捕捉线索，在发现中增强记忆 211

（一）在最初或最后阶段记忆效果好 211

（二）醒时比睡时更易忘记 211

（三）“自言自语”有强化记忆的作用 212
（四）以身体各部分来记忆许多事物 212
（五）在异常的环境中记住不想忘记的事 213
七、记忆的方法对了，学习便不再是件难事 213
（一）全体学习记忆法 213
（二）分段学习记忆法 214
（三）联合学习记忆法 215
（四）渐进分段学习记忆法 215
（五）反复分段学习记忆法 216
（六）分组学习记忆法 217
（七）集中学习记忆法 217
（八）分散学习记忆法 218
八、懂得深度记忆，从此不怕遗忘 219
（一）实践记忆法 219
（二）“回嚼”记忆法 220
（三）过量学习记忆法 220
（四）多角度重复练习记忆法 222
（五）三次读书记忆法 222
（六）变换顺序复习记忆法 223
（七）八面受敌记忆法 224

第一章

先认识记忆的本质，再拥有超级记忆

记忆是一种复杂的心理现象，科学家们曾为这个古老的问题一直争论不休，而现今科学家们通过大量的记忆实验，逐渐取得了基本的原理性认识，记忆这门科学也不断完善，业已形成比较系统的体系结构。实践证明，只有按照科学的原理才能逐渐提高自己的记忆力。

一、记忆的魅力就是这么如此神奇

从表面看，人的记忆活动像变魔术。十年前的某段经历，会突然复现脑际。人内心的小银屏上，也会清晰展现这段经历的场景。各色人物熙来攘往，好像重新进入了当时的情境中，重新品味当时的感受以及再听当时说过的话……

（一）记忆到底怎么回事儿

记忆是人们记住事物的一种能力，是人们满足知性快感的一种典型行为。说得通俗一点，记忆就是我们大脑中储存东西的地方，它能为我们提供不同时期的历史信息，它会记录下我们每天的动态，然后储存起来，等到我们需要的时候，它会提供给我们必要的信息。它是大脑固有的功能，会伴随着人们生命的开始而开始，随着生命的终结而消亡。

就人的记忆机制而言，它表面上看似简单，其实却无比奇特。人有了这个机制，就能把童年以来学到的知识积累起来，形成自己的个性。知识是构成个性的核心。无怪乎在小说中与电视上，我们常看到某个秘密社团或专职警探，使用各种技术，企图消灭受迫害者的个性，摧毁其记忆力。因为，一旦人记忆的内容消失，便不知自己是何人，其思想亦无所依存，变成被动的人，驯服的人，只能听任即时事物影响力的摆布。

人们所见、所闻、所感到的一切，都是记忆的材料，人生就具有记忆功能。因此，人能追忆其记住的一切，直到其生命的终结。然而，人的记忆力又很神奇。人们常常对自己说："我永远忘不了这个生我养我的故园小镇……"但是，几年之后，他们连小镇主要街道的名字也想不起来了。

但也让人奇怪的是，仅仅几小时或几天后，一件偶然之物就突然触发了你的灵感，于是过去怎么也追忆不起的事物，却突然毫不费力地自动浮现在脑海里。

对于其中的原因，人们各抒己见，但迄今仍不能取得一致的认识。就拿“记忆是怎样工作的”这个最简单的问题来说，科学家们的看法就存在着很大的分歧。有些人认为是这么回事，另一些人又认为是那么回事，公说公有理，婆说婆有理，一时难以做出定论。

当然，要想圆满地回答这个问题，任何简单的标签、抽象的定义都是无济于事的。这就像物理学家并不能宣称自己已精确知晓电荷是什么，植物学家也不敢夸言自己已摸透了植物生长规律一样，心理学家也不能明白无误地说明记忆的载体是什么。

当然，我们这样说，并不是说记忆根本就无法识破。事实上，正是无数科学家的努力，我们已逐步接近最后的答案。

（二）这个档案系统大到你无法想象

具体说，人类的大脑就像是一个分类精密的大档案柜，里面收藏着数不清的资料。在日常生活中，不论你见到什么、听到什么，或者是读过什么，所有这些信息，都要经过大脑的适当编码，分门别类地储存起来。这时，根据需要程度与重要程度，大多数信息经过简单处理后，给予感觉储存，或是短时储存，而一些重要的信息则经过进一步的编码，进入长时储存。

可以说，在这个分类归档的过程中，记忆功能的汰选作用日益明显，遗忘有时反而成了优点。大脑会自觉地协助你确定哪些信息一时无用，或根本没有用，从而把它们摒在记忆之外，或者把它们搁置起来，从而不使这些无用的信息充斥在你的记忆中。在这种情况下，我们便会惊讶地发现，一些次要信息明明暂时保留在记忆档案柜里，但事后我们却怎么也想不起来了。

事实上，这种分类归档、依轻重逐步排除的功能，也就是记忆的效能。

为了让大家能更清楚地明白这一道理，举一个日常生活的例子，请记下这个问题："你今天记住什么了？"然后逐一回答下列问题：

（1）你出门碰到熟人了吗？

（2）还记得他（她）的名字吗？这个人穿什么衣服？

（3）外出时，你曾和谁进行过交谈？

（4）请说出谈话的内容。

（5）在路上，你经过商店了吗？或者你经过小摊吗？

（6）在这些商店的玻璃窗内都陈列了什么样品？或者摊上都摆了什么东西？

这时，你肯定已注意到了：有些细节，简直是不招即至，很快就会浮现在脑海中，而有些细节则需要再三追思才能唤起。至于另外的更多的细节，你是无论如何也记不起来了。

这是怎么回事？为什么有些细节记住了，而另一些细节却忘却了？你是否有意识地要求自己去记住某些细节，而忘却另一些细节呢？

一切仿佛是冥冥之中有天意，无论你怎么想，无论你如何去追求，该记住什么，该忘却什么，你的记忆系统总会自觉地为你筛选为你过滤的，这些完全不用你多操心。

这时，我们的问题也提出来了：这种自觉筛选的功能，是依据什么准则的呢？换句话说，你为什么能记住某些细节呢？

无须多想，事实已在眼前：凡是你感兴趣的东西，大多数都记住了；凡是你不感兴趣的东西，差不多都忘了，甚至没有留下一点印象。

由此看来，我们已经接触到问题的实质：兴趣，这是记忆的先决条件。

这就是说，唯有激发兴趣，才会促使脑神经细胞敏锐灵活，从而形成大脑皮层的优势兴奋中心。这样，那些诱发人们兴趣的事物便牢牢地留存在脑海中了。

下面，我们具体来分类谈谈。如果你和熟人谈话的内容是你所感兴趣的东西，比如涉及你的嗜好，或者涉及你的成就，你就有可能记住了谈话的内容。但如果你们的话题丝毫引不起你的兴趣，或者谈起你根本就不认识的人，你就很难记住自己说了些什么，别人讲了些什么。

不过情况总有例外，比如：如果你路过一家商店，无意中扫了一眼橱窗里面那些平时你看了许多次都不在意的商品，也许突然发现一些你特别感兴趣的东西，你肯定就能记住了。

如果在你感到饥饿并且经过一家食品店时，情况又有所不同：这时你一定会不由自主地要看一眼那些食品；而平常你一点也不饿或者近些天来也不需买任何食品，你就可能对这些花花绿绿的食品不屑一顾，即使扫了一眼，也不会留下什么印象。这便是心理驱动带来的作用。

由此可见，凡是你特别感兴趣的事物，首先会引起你的注意。如果说兴趣是记忆的先决条件，那么，注意则是记忆的关键。为了更好地说明这个问题，我们不妨来看下面这一个小故事。

在美国，一位士兵在海外长期服役，终于要返回家园了。他的未婚妻来到机场迎接他。在等行李的时候，这位士兵指着一位漂亮的空中小姐说："这位便是我信中提及的露西小姐。"

"你怎么会知道她的名字？"未婚妻有些奇怪。

士兵的解释很简单：那个名字与驾驶员的名字并排写在一起，张贴在飞机驾驶舱的门上。

但当其未婚妻又提了一个问题时，这个士兵可被难住了：

"那么，驾驶员又叫什么名字呢？"

这个士兵竟张口结舌，答不上来。

这个故事留给我们的启迪也是无穷的：同样的记忆对象摆在面前，记忆仓库里却只能将你关注的现象存贮起来。

由此可见，我们要充分地调动自己的大脑功能，使之有效地支配记忆系统的有效运作，这样，记忆系统就能及时地、分门别类地处理各种信息，记住该记住的信息，遗忘没有意义的信息。

（三）海马是记忆的中心

大脑两半球深部，埋藏着一对重要的神经结构：乳头体、穹窿和海马。科学家发现海马这对结构与学习、记忆有密切关系。海马位于大脑颞叶的内侧，放大的海马，形似海生小动物——海马。

医生曾发现一些头部外伤的病人，治愈后留下严重的记忆障碍，尤其记不住新近发生的事情，如刚用过早餐，却忘记自己吃了些什么东西。这在医学上称为近事遗忘。这样健忘的人虽智力正常，但不能学习新事物和技艺。他们对过去的事件的记忆基本完好。这是因为海马极易在缺血、缺氧及头部外伤后遭受损害。

有一位因心脏疾病而动了手术的病人，手术后又因心房破裂失血 5000 毫升、休克 1 小时，虽经大力抢救挽回生命，但后来医生发现他记忆力受损，想不起前几天抢救的情景，甚至记不住 5 分钟前学的 3 个词的顺序。神经系统检查证实有记忆丧失，但无智力及人格的改变。这位病人记忆力一直未能恢复。5 年后死于心力衰竭，做尸体解剖时，在脑的 5000 多个病理切片中，发现他的海马有严重的破坏。

（四）大脑颞叶是记忆的库房

长期记忆的储存，不只是海马的作用，还需要完整的大脑皮质。著名的加拿大神经外科医生彭菲尔德证明大脑的颞叶是记忆的库房。在解剖学上海马位于颞叶内侧，两者之间有密切的联系。彭菲尔德用实验证实，当用弱电流刺激颞叶时，病人能回忆起往事，而当颞叶皮质受到广泛的损害后，这种往事的回忆能力便丧失殆尽。看来生活中每一件重要的经验，无论是身体的感觉、听觉、视觉、味觉、嗅觉或这些刺激的综合，都要在大脑皮质内进行处理，以便贮存起来，并“编序存档”。海马似乎与贮存处理有关，而存档的部位则在颞叶的皮质或其附近。无数联络纤维从颞叶向各处发出，互相联络，把各种神经冲动联系起来，组成一个全面的记忆过程。

阿尔兹海默症就是大脑颞叶功能损害的典型表现。这种病多发生在 60 岁以上的老人，40 多岁的人也可能发生，故又称早老性痴呆。这种病最大的特征是记忆力衰退。起初可能只是记不住别人的名字，以后逐渐加重，甚至记不起自己的姓名、生日、居家地址，有的人夏天穿着冬装，感觉也变得如此麻木。病人忘却了自己一生学习到的并留下记忆的东西，以前医生只能根据病人的症状来诊断阿尔兹海默症。确切的诊断必须待到病人死亡后，从尸体解剖检查结果中才能得到肯定。这种病人的大脑、海马和颞叶有明显损害，海马结构内的神经互相缠结，皮质内出现蚀斑。现在用 PET（正电子射断层扫描仪），在病人生前便可做出确认。

（五）核糖核酸是贮存记忆的大分子

在生理学上有一个可塑性的概念，即生物体受到刺激，会发生永久性的改变，学习和记忆就属于这个范畴。动物实验发现大脑海马皮质多次受到刺激之后，突触（神经末梢与神经细胞的联结点）放出的传导物质的量增加后突触部的神经传导物质受体（接受神经传导物质刺激的特异点）数量也会增加，还可形成新的突触。在鸟类的雏鸟中，可观察到一种所谓“印入现象”，即孵化出壳的雏鸟，最初看到的是母鸡，雏鸟将会在一生中模仿母鸡的行为，这就是雏鸟的学习和记忆过程中的重要阶段。一些学者观察到鸟类这种印入现象只限于在脑的前额两侧发生。如果将雏鸟这些部位的脑组织破坏掉，它们的模仿行为旋即消失，用阻滞蛋白质合成的药物注入这个部位，同样会影响模仿行为的建立。从这些实验可以推想鸟脑前额两侧是“印入现象”的必要部位。刺激这个部位，就会出现蛋白质合成，并结合成新的神经突触，建立了记忆。

然而，记忆会不会随着蛋白质分子的分解而丧失呢？回答是否定的。因为在人类细胞核里有一种呈双股螺旋结构的 DNA 物质（脱氧核糖核酸），这种物质的新陈代谢是通过复制实现的。在细胞代谢中，这双股螺旋体松解后，总是有一股被淘汰，另一股被复制，从而使 DNA 终身成活，并保留其原始信息。如果能够把记忆追踪到细胞核的内部，弄清记忆也像 DNA 复制那样，能保存终身的话，那么，新的诺贝尔奖奖金的得主就已定名了。这种设想并非虚构，确实有人认为 RNA（核糖核酸）可能就是贮存记忆的大分子。

二、记忆的三个关键阶段

记忆是一个复杂的结构组织，明确地说，可以分为三个阶段。

第一阶段就是利用感觉器官，将接触到的信息留在脑中，这个过程叫作“识记”。

第二阶段，就是把留在大脑中的信息进行保存，这个过程叫作“保持”。

第三阶段，就是在我们需要时，把所需要的信息提取出来为我们所用，这个过程叫作“再认或重现”。

只有顺利地完成这三个阶段，才能称为名副其实的记忆。这个过程就像照相机拍照的过程，先把焦点调整好才能按快门，接着把胶卷冲洗，才能显现出影像。虽然是一个简单的过程，但缺少其中的任何一个阶段，都不会照出好像来。

（一）获取阶段——你获得了信息

如果可以在电影中看到记忆机制是怎样工作的，那么我们首先看到的情景是它正在吞食！生活中为了记住某件事物，我们的脑细胞首先要进入记忆机制中。所以，一切记忆活动，都是从吞食阶段（获取阶段）开始。比如发生的事件、看到的物体、听到的语言……总之，周围的一切，自身发生的一切，记忆机制都能够准确地记住。

事实上，记忆机制并不可能把外界的信息和自身的信息都能够记住。相关定律表明，每个人在获取记忆材料的过程中，都具有一定的选择性。在记忆的第一阶段，这种选择性并不是发自内心，甚至是毫无意识的。其结果是，在获取记忆材料的过程中，有人获得的比较少，有人获得的比较多。

当我们清醒时，通过眼、耳、鼻、皮肤等感觉器官，连续不断地向脑子里输送各种信息。在这个阶段里，遇到要记住的事情，就会尽可能地刻在大脑中。倘若迷迷糊糊或被其他事物分散了注意力，结果则只能在脑子里留下模糊的痕迹。

即便短时间可以记住的事，随着时间的推移，也会渐渐地淡忘下去，不久甚至会忘得精光。及早地复习，对于保持记忆是必要的。

（二）贮存阶段——你将信息归档

当记忆机制“吞食”记忆材料后，并记在脑海里这一过程，则为记忆的本意，又是记忆过程的第二阶段，即贮存阶段。可是，这个阶段的运行，并非一路畅通，而从外界获取的材料也并非都能够自然而然地贮存起来，即便将获取的材料贮存起来，经过一段时间以后，这些材料或变形或遗忘。

贮存记忆材料与吞食记忆材料的情形相反，贮存记忆材料的可能性却大大受到限制，而其被限制的程度会因人而异，因时而变，因环境而不同。一旦认清这些变化的基本原因，就可以最大限度拓宽贮存的范围……

在贮存阶段，经过一段相对较长的时间以后，记忆材料的内容有时会发生变化。愿望、爱憎、新的经验等等，都会给记忆带来不同程度的影响。

（三）追忆阶段——你能在大脑中找到需要的信息

当记忆材料重新返回到意识之中，是记忆过程的第三阶段，这个阶段对于记住信息非常重要。我们都希望自己的记性好，换句话说，就是希望自己的追忆功能强。问题是，通常在自然状态下，追忆功能比贮存功能受到的限制还要大。日常生活中，关于追忆功能受到限制的事情屡屡出现。比如我们回忆某个信息时，一时想不起来，事后又突然想了起来，这就是追忆功能受到限制造成的。

除此之外，追忆阶段也会出现变化无常的现象。有时，我们为了某个信息，必须绞尽脑汁，才能在记忆的仓库中找到一些相关的信息；而另外一种情形则是，记忆会在无所需求的情况下，自发地、连续不断地将某个信息展现在我们的脑海中……实际上，变化无常仅仅是一种表面现象，心理学家通过反复实验，最终发现无论自发浮现的记忆，还是有意识地找到的记忆，追忆阶段的变化是有规律可循的。

（四）记忆过程——三者紧密相连

记忆过程的三个阶段各有各的机制，但是要想完成一个记忆过程，三个阶段必须和谐连接，而且后一个阶段是否圆满，取决于前一个阶段完成的质量。

因此，记忆材料只有获取得好，贮存才能有效；而有效贮存的材料，也才能准确快速地追忆起来。

在这段时间里，记忆的运行就好像一个正常工作的图书馆，高质量高效率地获取材料，相当于图书馆里的书籍进行精确编目录和分类。而书籍的分类、编目录和排列，就好像记忆材料有顺序地贮存在记忆机制中。新记忆材料按其与旧记忆材料的联系，分别排列在大脑记忆库中的各个领域。

追忆如同从图书馆中提取某一本书。追忆某一件事物或信息，就像从分类、栏目、标签、排列很整齐的书架上取一本书那样容易。

所以说，一个贮存优质的记忆材料，追忆起来很容易。由于记忆材料贮存得好，我们只需要记住某件事和某个信息贮存在某个领域中，就可以轻易调出来。也就是说，我们把某事物或某个信息存入记忆库时，只要把新的信息、新的事物与已经存入的某些旧的信息、旧的事物进行“挂钩”就可以了。这种“挂钩”如同图书馆分类编目录的标签。当我们追忆存入大脑记忆库的材料，标签自然就会指明到哪一方面去提取。

由此可见，人们可以得出如下公式：

获取好的材料→贮存好的材料→追忆好的材料。

然而公式到此并未结束。每个获取“完善”的材料，由于与已牢记的材料挂钩，标志明确，就易于追忆。由此可见，人们具有的这种易于追忆的材料越多，就有越多的机会把新获取的材料挂上钩。因此，人们的记忆力就变得越来越好！

换句话说，记住的材料越丰富，记忆力就越好。或者说，记住的东西越多，记新东西的能力就越强。

三、感觉器官是记忆的重要通道

外部世界带给我们的感觉信息构成了我们的记忆，我们的视觉、听觉、嗅觉是记忆的主要入口。但是，通过感官感知而记忆的东西绝不能和相片或者录音磁带相比。感觉信息在大脑深处被分析，然后彼此之间建立联系，在与其他信息比较后，被烙上感情的、形态的（地点）和时间的（日期）印迹。一般来说，这些程序在每个人身上都是一样的，但是每个人的感官能力似乎并不相同。

（一）视觉记忆

英国作家卢迪亚·吉卜林（1865—1936）在他的小说《吉姆》中，详细描写了少年英雄吉姆如何坚持不懈地记忆放在桌子上的物品，然后再找出缺少东西的过程。经过不断的训练，吉姆获得了一种超常的技能，他能够记住所有看过的细节。

1. 图像记忆

在一个实验中，研究人员向志愿者展示了2500多张幻灯片，每10秒钟换一张。然后，将每张幻灯片与一张新的幻灯片混合在一起，要求被测试者指出熟悉的那张，即他们之前看过的那张。结果非常令人吃惊：几天后，90%以上的图片被认出；几个星期后，仍然有很大比例的图片被认出。之后再用10000张幻灯片做类似的实验，同样确认了视觉识别不同寻常的效率。

2. 如此熟悉的活动

观看是我们非常熟悉的一项大脑活动，以至于我们有时候忘记了视觉在记忆过程中扮演着的重要角色。信息进入大脑被处理和存储后，就不再依赖语言了。为了解释视觉记忆的运作过程，神经学家将视觉记忆（或视觉—空间记忆）同行为记忆进行了比较。视觉记忆能让我们在头脑里“操纵”抽象的图案或路线，而行为记忆则是依靠语言来理解话语的内容和各种视觉信息。

事实上，重要的是不要混淆了视觉信息与视觉记忆。视觉记忆大多数都是按照双重编码的原则来处理词语、图案、照片或者真实的事物等视觉信息。在大量实验中，神经心理学家揭示了双重编码的优点，这种编码方式能将形象信息（形态、尺寸、布局）与动作信息组合在一起。

3. 自闭症患者的记忆：对细节敏锐的感知

人们有时用“照片式”记忆来引出自闭症患者典型的精确记忆。

自闭症是一种发育缺陷，会阻碍患者与社会的互动、对外界情感的反应和与他人的沟通。但这种严重的功能障碍有时却伴随着非凡的音乐记忆能力或“照片式”记忆能力，后一种记忆能力使患者能用复杂的图像表述出记忆里的少量细节，或者毫无困难地进行大量的计算，就像电影《雨人》中达斯汀·霍夫曼所饰演的人物那样。

为了解释这种自发而非凡的能力，神经心理学家提出“表面的记忆”，这种记忆并非想要脱离图像的整体感觉或整体形态，而是试图结合更重要的细节来创造“心理图像”。面对一幅画时，大多数人都是在集中注意力于总体形态后，再试图把握其中的细节，而自闭症患者在没有总体视觉的引领下将同等对待所有细节。因此，在处理信息的第一步，自闭症患者表现得更好，而正常人“消耗”的精力是为了获得更整体或更多的感官信息，以此简化记忆。有些研究人员认为，自闭症患者越是与世隔绝，越是容易出现运作记忆障碍。

4. 记忆面孔

在图像记忆方面我们是天生的行家，但是我们中有些人在某一特定方面表现出更高的能力，如记忆面孔、建筑物、风景等。这种能力有时候是训练的结果，正如吉卜林的小说中所描绘的那样，但是好像真的存在一种“天赋”，比如在过目不忘的人身上。

我们越是能从几千张脸中毫无困难地认出熟悉的那张，越是难以用言语对其进行描述。在描述时，我们通常会提取整体特征，眼睛、胡子、眉毛、痣等，在辨认面孔时语言似乎扮演着次要角色。辨认面孔的能力很早就在儿童身上得到发展，研究表明6~9个月大的儿童比成年人更容易记住周围人的面孔。

（二）听觉记忆

“如果钢琴演奏家想演奏《瓦尔基里骑士曲》或者《特里斯坦》前奏曲，威尔杜汉夫人认为，不是因为这些音乐使她不高兴，而是因为它们给她留下的印象太深刻了。‘你关心我有偏头痛吗？你知道每次他演奏同样的东西时都一样。我知道等待我的是什么！’”（马塞尔·普鲁斯特，《在斯万家那边》）

1. 情绪——理解音乐的关键

情绪与音乐之间的关系是复杂的。一方面，听一段音乐或进行一次与音乐有关的实践（如唱歌或演奏乐器）会引起一些感觉（比如兴奋或放松），我们根据当时的情绪来阐释这些感觉，并且从此我们会把这些感觉与听到的或自己演奏的音乐联系起来。

另一方面，在精神层面，我们大多数人都能够预测一段音乐接下来的部分，“我知道这段之后，铜管将进入交响乐中”或者“节奏将加快，声音将变得更高”。然而，这种才能似乎并不来源于我们受到的音乐教育，而是来自我们从管弦乐中自发得到的“感觉”。

事实上，一段著名的乐曲产生的“震撼”在很大程度上依赖于我们的精神活动。神经心理学家观察到，某些患者的听力感知（对一段旋律、节奏、音色等）虽然保持完好，但他们失去了听音乐的快乐感。患者自己解释说，他们“不再能理解”不同乐器之间的音乐关系，并且他们也不能再“预知”一段音乐将如何演进。

2. 不同的倾听方式

每个人的音乐才能都不同，一些人似乎比另一些人更有天分去记住一段旋律或者辨认音色。如何解释这些不同？研究人员从对音乐家的观察中发现，他们是以不同常人的方式听，更确切地说是他们“看”所听到的音符，音符对他们来说就相当于“字”。医学图像通过对大脑刺激的研究证明了这些假设，医学刺激利用的是视觉或语言资料。

即使周围存在干扰噪声，职业的或者业余的音乐家都能成功地在意识中保留旋律，而其他人则做不到。在任何情况下，音乐家们都能毫无困难地进行记忆，除非他们同时听到另一段相似的旋律。

3. 记忆和音乐曲目库

得益于我们储存在语义记忆中的理论知识，当我们听到一段旋律或者一个作品时，就会感到熟悉，甚至能够确认其曲名、作曲家或者演奏者。对于那些长期演奏同一种乐器的人来说，曲目库是随着日积月累的实践构筑的。

4. 语言和旋律是两种小同的听觉记忆吗

对旋律的记忆是否比对语言的记忆更持久？专注于歌词和旋律之间关系的神经心理学研究表明，对歌曲的记忆实际上与这两个方面紧密结合，尽管对旋律的记忆在时间上更持久。大脑受损的音乐家能够继续从事音乐活动，但从此再也不能理解歌词或话语。因此，语言和旋律可能以独立的方式保存在长期记忆中。

如果一段音乐在记忆中能保存很久，那毫无疑问它依靠了与语言信息相关的编码，特别是情感信息。某种声音（亲属的声音、环境里的声音、旋律）与某种情感（是否快乐）联系在一起，会对巩固记忆大有帮助。另外，这样的声音现象不需要以有意识的方式被感知也能永久地被储存，而“普通的”听觉信息（如要记下的电话号码）需要意识的参与，因为它们依赖运作记忆。

（三）嗅觉记忆

《追忆逝水年华》中写道：每次在贡布雷游览时，“我总不免怀着难以启齿的艳羡，沉溺在花布床罩中间那股甜腻腻的、乏味的、难以消受的、烂水果一般的气味之中”。

1. 气味，记忆的要塞

马塞尔·普鲁斯特的这段文字，总结了嗅觉记忆的许多特征。

（1）持久性：多年后仍能精确地描述出最初的气味感觉；

（2）幸福的基调：与情景之间的联系；

（3）联觉的特质：能让各种感觉相互联系。

气味是记忆的“要塞”，特别是当记忆痕迹产生于孩童时。我们每个人在成人后，都有突然想起一件极为久远事的经历，有时候通过一种香水气味、一个房间或者一个在柜子底下找到的毛绒玩具而引发。

2. 幸福的记忆

大多数的嗅觉记忆都是幸福的，唤起曾经“垂涎欲滴”的生活事件。哲学家加斯顿·巴舍拉（1884—1962）曾说，当记忆“呼吸”的时候，所有气味都是美好的。

事实上，通过对500多个学生的问卷调查得出的结论是，他们的嗅觉记忆大多数时候是愉快的，无论在所记忆的内容方面，还是在与之相关的情景方面。在儿童身上，常常是重新想起假期、旅游、大自然（大海、山、乡村等）以及家人（父母和祖父母的气味、家庭聚餐、家人的房间等）。

奇怪的是，在一些情况下，也有人把公认为难闻的气味与快乐的经历联系在一起。例如，粪坑的气味让人想起在农场度过的一个假期，氯气让人想起游泳池的游戏。

正如这些联系所展现的，我们在记忆的同时刺激了所有感觉和感情的背景，多个大脑区域参与了嗅觉信息的处理——丘脑、淋巴系统等——烙下了气味的感情价值，聚集了各种感觉信息，因此这些记忆从来都不是纯粹嗅觉的记忆。

3. 嗅觉记忆与其他感觉

嗅觉记忆总是处于其他感觉的中心。例如，在吃饭或喝饮料的时候，如果没有通过鼻后腔的嗅觉信息，就会失去许多其他的感知能力。

同时，其他感觉反过来也会对嗅觉产生影响。例如，医院的气味会引起难以消化的感觉。一个护士这么描述病人的坏死给她留下的印象，“一小块一小块地吞噬着肌体”。另一个护士回忆说，让人难以忍受的气味“注入”了她的衣服和皮肤里。

事实上，似乎很难想象出某种嗅觉记忆，因为它并不以具体的形式同时出现在我们的记忆与身体的某个部位中。但是，嗅觉的特性确实在记忆过程中发挥了很大的功用。

四、感情在记忆中扮演的角色

开学的第一天，结婚的那天，生孩子或者一次意外……只要稍微分析一下，就会发现感情在我们的记忆中扮演着重要角色。

（一）感动我们自己的事为什么更容易忘记

当认识到注意力以关键的方式作用于记忆后，我们就会明白为什么感情也可以帮助构筑记忆了。强烈的感情不仅让我们的注意力放弃其他不太重要的信息，还会引发一个程序的开始——在接下来的几小时、几天甚至几个星期内，承载着这种感情的事件将不停地在我们脑海中重现。这期间，我们会自觉地将这件事与以前的事以及未来的计划联系起来，以便精确地确定它的时间和地点。

这就是为什么我们能更好地记住与自己相关的或感动自己的事物的原因。如果事件具有特别的悲剧性，并造成重大的压力感，它甚至能够以入侵的方式固定在记忆中。

在大脑中我们是否可以给感情确定一个“位置”呢？在一个记忆测试中混合着中性词（桌子、门、椅子等）和富有感情色彩的词（快乐、幸福、疼痛等），后者通常能更好地被记住。通过功能磁共振图像（参见下页框内文字）我们可以观察到，在对后者的记忆过程中同时激活大脑的两个区域：海马回和扁桃核结构。

（二）以自我为中心的记忆

对老年人的“自传性记忆”的研究表明，一生中构筑记忆数量最多的阶段是10~30岁。其实，“记忆构建高峰”与我们在工作和感情生活中做出大部分有强烈情感特征的选择时间相对应。在很久以后，我们仍然能够想起当时的许多细节和确切的时间，比如我们是如何遇到现在配偶的（确切的情景、对方的衣着等）。不同的经历为我们的职业生涯划定了方向，偶然瞥见的通知、在班机上抓住的一次机会等。当然，这些重要的信息也是以我们的动机为前提的。

（三）瞬间记忆

2001年9月11日，世界贸易中心被炸的时候你在做什么？1998年7月12日，世界杯足球赛决赛中法国获胜的时候呢？1997年8月31日，戴安娜王妃去世的时候呢？1969年7月21日，人类第一次踏上月球的时候呢？1963年11月22日，约翰·菲茨杰拉德·肯尼迪被刺杀的那天呢？按年龄来说，无疑你对某些事件还是存在的“瞬间记忆”。

“瞬间记忆”用来描述那些非常逼真、详细的记忆，就像瞬间拍下的照片，它能引发强烈的个人或集体情感，并持续很久。这种记忆可能涉及一个公共事件，也可能是个人事件——一次意外、一次感情伤害、一次运动拓展、学业成功等。在前一种情况下，我们几乎经常回忆起自己是如何获知某一事件的，它是在哪个确切的时间发生的，当时我们正在做什么……

（四）当感情阻碍记忆时

的确，轻微的压力可能带来良好的记忆效果。对一个焦虑的人来说，过多的麻烦可能使他产生超常记忆。但这通常是以降低对日常对话或对事件的注意力为代价的，因而很难记住细节。另外，基于情绪的疾病，比如抑郁症或者焦虑症，即使有些痛苦的记忆是因为当事人自己过分夸大了，但在回忆时通常还是会伴随着伤痛，有时还会妨碍患者面对真正的注意力和记忆问题。

在某些情况下，强烈的感情同样会妨碍记忆（遗忘症突发）或者阻碍某些个人回忆（功能性遗忘症）。压力是生活的自然产物。我们需要刺激，因而少量的压力（有利的压力）可能是有用的，能帮助我们保持最佳的思维警觉水平。例如，当我们需要完成一份重要的报告时。但是如果压力太大（不利的压力），我们就会变得惊慌和不知所措。而且在我们对它采取措施之前，生活似乎失去了控制。

五、为什么有的人记忆“好”，有的人记忆“差”

对比“好的”记忆和“差的”记忆涉及记忆程序的运行效率问题，我们认真地学习并很好地储存所学的信息，是否就能够很容易地回想起来？我们会发现有许多不同的描述，并且每个人对记忆的抱怨也不相同。

另一方面，一些事物有助于发展某些人的记忆力，对另一些人则不然。所以，我们不能真正地比较“好的”或者“差的”记忆。因为，对记忆效率的感觉是非常主观的：一个人与另一个人不同，一个领域与另一个领域不同，一个年龄段也不同于另一个年龄段。

（一）好的记忆与年龄有关吗

应该以另一种方式来提出这个问题：是否存在一个学习效果最佳的年龄段？答案是肯定的。人们在大约30岁之前，能表现出不同寻常的记忆能力，较容易集中精神，并且学习速度较快。在这之后，人们学习变得有些困难。但是，这并没有什么可怕！只不过为了达到同样的效果，人们需要用更多的时间。在15岁时我们只需要学习3次就能记住一首诗，而50岁时我们必须投入更多的精力来分析和处理信息，而且我们对干扰和噪音更敏感，所以需要更多的时间和更多的尝试来记住同一首诗。一个中学生可以边听音乐边复习功课，而一个40岁的人只能在安静的环境中才能保持精神集中。

然而，当涉及到重新提取信息时，年龄大则构成一个优势，因为一个人的年龄越大，所储存的信息相对就越多。让我们来举一个例子：如果你是一位年轻记者，正在跟进一个选题，关于这项任务你一定比你的主编知道得更多。但是他可能会告诉你，关于类似的内容，在60年前的某份报纸上曾发表过一篇非常有意思的文章。这是记忆中经验的参与，是随着时间的推移所积累知识的反映。再比如如果让一个医生学习一篇医学文章，他将比较容易记住，因为他已经拥有了这个领域的很多知识，这将帮助他记住新的知识。相反，如果是一篇法律文章，他就只能死记硬背，而这对他来说比较困难。

（二）差的记忆是基因决定的吗

即使教育可能扮演着一个重要的角色，我们还是发现，一些人虽然没有在著名的院校进行过长时间的学习，却有着非常出色的记忆力；相反，有一些人虽然经常出入重点院校，却并没有良好的记忆力。因此，学习能力不同，不能归因于教育的影响。

然而，还没有任何一个研究人员发现超常记忆的主控基因。虽然，在某些动物身上发现遗忘基因和记忆基因，但是直到现在，这些通常是从一些非常特殊的实验中总结出来的假设，很难用以推断人类记忆的自然功能。总之，记忆肯定表现为天生所有和后天获得、基因和教育的混合物。

（三）男性和女性的记忆有所差别

回答这个问题并不容易，虽然绝大部分的性别特征与教育有关，然而通过采用激素分泌的间接方法却证明，基因也是一个需要被考虑的因素。某些激素分泌的多少是性别特征形成的主导因素，并且对许多智力功能，特别是记忆的运作具有影响。这种干预如果出现在儿童发育期间，将决定男孩和女孩的不同能力；如果出现在成人期间，将导致不同的行为效率，例如女性月经期间行为效率多少会有所下降。

通常女性在应用语言的活动中更有成就，而男性在需要求助于视觉—空间记忆时则表现得更有效率。例如，为了记住一条路线，女性趋向于记忆口语标志——“到了药店，向右拐”，而男性更注意空间方位的变化。

（四）个人文化对记忆的影响

基本上是记忆构筑了我们的个人文化，因为文化是我们通过学习获得的知识。包括你小学四年级历史老师的姓名，或者你最喜爱的电影导演的名字等等。的确，新信息越是能和先前的知识建立联系，就越容易被掌握。记忆帮助我们构建了知识储存库，使我们更容易记住在同一领域里的新信息。

因此，一个记者或一个老师通常要比一个农夫更“擅长”学习一篇文章。记者将立即发现一篇文章分成 4 个部分，其中第二部分使他想起以前在别处读到过的论点。相比之下，一个农夫或一个猎人可能更容易记住一条路线。简而言之，越是从事一项专门的、职业的活动，就越能开发在这一领域的记忆能力。

（五）好的记忆与智力成正比

记忆当然与智力有关。同样不可否定的是，它参与智力的运行功能。但是我们从柯萨科夫综合征患者身上发现，他们虽然遗忘了许多东西，智力却保存完好。1888 年俄罗斯医生柯萨科夫曾经记录，他的一个遗忘症患者在赢得一盘象棋两分钟后，就忘记了自己获胜的事实。

心理学家用“认知”或者“认知过程”代替“智力”这个术语。如果把智力定义为解决问题或者适应新情况的能力，那么在缺乏记忆参与的情况下，它将是极为残缺的。事实上，智力因生活经验丰富而逐渐提升，而经验就是记忆。

六、疾病不仅给身心造成痛苦，同时也影响记忆

记忆与人的健康状况密不可分，健康的人总是记忆力好，而病人多遗忘，这是为什么呢?

（一）脑损伤导致记忆紊乱

在很大程度上，人们是借助对大脑受到不同损伤的患者进行临床观察，才能够对各种记忆紊乱分类并查清脑损伤的确切部位。想全面了解这个问题的人，不妨去读一读这方面的一些医学书籍。为简明扼要起见，我们将各种遗忘症（记忆力的衰退）区别如下：

（1）海马状体区域和乳状体区域的局部损伤造成的遗忘症。在这两个

区域，新事的记忆被破坏，但是，往事的记忆仍然完整无损；

（2）大脑皮质损伤引起的皮质遗忘症，即遗忘旧事；

（3）大脑弥漫性损伤引起的全面遗忘症，除记忆紊乱外，其他症状是极其复杂多变的。

自从出现老人学（衰老学）以来，人们一直试图把老年人疾病（即某种异常症候）引起的记忆紊乱，区别于衰老引起的记忆紊乱。

在许多情况下，这条界限很难区别。我们常常在上了年纪的人身上看到某些大脑结构上的损伤，例如出现老人斑和神经细胞数量减少，在老年人是常见的。因此，我们可以把这些现象归咎于衰老的本身。脑血流量减少、氧消耗量减少和某些动静脉的异常也是老年人常见的生理变化。

但是，在许多情况下，人们不理解这样或那样的脑损伤与患者症状之间存在的关系。

科学家对不同年龄的人进行过许多次智力测验发现，随着年纪越来越大，某些测验结果仍然良好。换言之，老年人不存在严重的智力衰退。例如，词汇、一般信息和数学推理等测验在很长时间内仍然令人满意。

相反，抽象推理、学习、集中注意力和视觉材料的组织等测验结果却很不理想。然而，人与人的差异较大，学者的智力衰退就慢一些。

正如前面分析过的那样，每个人的记忆力差异也较大。我们对智力和记忆力有着同样看法，即应该有一般记忆和专业记忆之分，后者在很大程度上取决于每个人所从事的职业。

（二）智力疾病制约智力发展

大家都听说过得健忘症的情况。患者一举一动都非常正常，但是却完全丧失了回忆往事的能力。他再也不知道自己过去是干什么的，生在哪儿，在什么地方生活过，等等。可是有时，在身体和感情上受到打击的情况下，能恢复记忆，这一事实表明，记忆没有受损。正如我们前面说过的，所缺的只是“阅读”这些记忆的能力。

记忆的另一种疾病是无力症，我们对它不能掉以轻心，因为我们大家总有一天会犯这个毛病的。

什么叫无力症？这是由于大脑的极度疲劳而引起的大脑功能衰退。或形象地说，大脑无力症很像肌肉“扭伤”。

用脑过度，特别是准备考试的学生，容易患无力症。无力症的症状是全身感到极度疲劳、心悸和不舒服，甚至昏迷。轻一点的会引起神经痛、偏头痛和恶心，等等。无力症患者在犯病时，大脑特别是记忆力的使用效率达不到正常情况下的四分之一。大脑越疲劳，效果就越差。

尽管循环精神病不是大脑的一种真正的疾病（至少在良性期），但是还是应该说几句，因为许多人都患此病。

循环精神病表现为一定时间的欣快症和忧郁症或一定时间的大量脑力劳动和一定时间的萎靡不振。当循环精神病患者在上升期，能够做出巨大的努力，行动起来更加容易，不感到疲倦，注意力容易集中，什么东西都能记住，工作效率高，而又不必花大力气。随之而来的是衰退期，在这一期间，患者变得费力起来，行动迟钝，脑力劳动很费劲，注意力难于集中，记不住东西。

对每个患者来说，上升期和衰退期多少是不同的。循环期持续的时间也不同，一些人是半个月，另一些人是一个月，三个月，有时甚至半年。

当你感到自己是循环精神病患者时，了解一下你的循环期持续时间是有好处的。为此，只需把你的兴奋期和忧郁期记录在记事本上就够了。只要有决心和善于分析循环期的变化，特别是缩短忧郁期，这是能够做到的。这可以使患者在重要的关头（新职业、考试等等）不致处在忧郁期。为此，应该通过体操或体育运动来刺激机体，应该进行一些能换换脑子，或使人兴奋，能调剂体力和脑力的阅读。

七、认识压力，有助于我们提高记忆

我们的生活总是会不时地被变化或者危机打断，因此我们需要不断地适应新的变化，即使这些变化会给我们带来压力和焦虑，甚至是反反复复地令我们沮丧或者意志消沉。这些变化总是会影响你的记忆能力，因此学习应付压力和自我放松是至关重要的。

（一）压力的本质

1. 好的和坏的压力

事实上，压力是人的身体应对一切变化的时候进行自我调适的结果，是身体对于变化适应性的体现。面临考试就是压力的一种，改变生活节奏也是压力的一种，改变饮食、环境的变化等都是压力的种种表现。任何一种强烈的感情，无论是积极的还是消极的，都是压力的一种表现形式。

因此压力本身并不是坏的，如果你可以很快地做出适当反应，它只是你的身体在竭力适应一种新情况时发出的一种信号。这样的压力被称为是好的压力（积极的压力），你必须要对这种压力给予重视，因为它就像是那种保护身体免受伤害的疼痛一样。从心理学的角度出发，这个警示作用是肾上腺激素和降肾上腺激素释放的表现，目的是为了提供给身体做出正当反应所需的能量。积极的压力实际上是兴奋剂。

如果这种引起压力的状况持续很久或者每隔一定的时间就重复出现的话，你的身体会通过释放皮质酮进行自我调节以便适应变化，即所谓的对抗相位。但是身体也有可能被打倒，表现为新陈代谢减慢，这种状况下（即精疲力竭的状态）身体抵抗力就会下降，变得易受攻击，具体表现为免疫力下降，易感染疾病。这种反反复复的情况是有害的，也就是所谓的坏的压力。

压力的情形可以用生物学的症状来解释，这些症状都表现为某些能力的丧失：睡不好觉、心动过速、呼吸问题、胃痛，等等。它也可以表现为行为方面的问题，易怒、粗心大意、没胃口（易饿）、烟瘾、咬指甲等。

2. 大脑突然一片混乱

我们都有“被置之大庭广众之下”的经历。你突然感到大脑混乱，注意力不能集中，心脏剧烈跳动，血压升高，身体紧张发汗，反正是很不舒服的感觉。这是怯场的反应。即使你没有处在真正的危险中，身体还会释放大量的压力荷尔蒙到血液中。它会导致不由自主的身体颤抖，说话结巴，大汗淋漓和暂时性失忆。当你有过怯场的经历后，再次面对同样的情况时会反应更强烈和持久。

怯场，顾名思义，通常发生在面对公众时，但是像局促不安这样的生理反应也会出现在台下。也许你没有准备在课堂上被突然提问，或者你的上级让你在一群同龄人面前讲话，或者你说了很不愿说的话，做了不愿做的事。克服怯场这样一时的激烈感受，可以通过了解自己的生理变化，学习减轻紧张害怕的技巧和做好心理准备来减轻。

（二）压力对记忆的影响

1. 当记忆被打断

当我们因时间紧迫而感到压力很大，变得紧张而焦虑时，记忆力就会让我们失望。处在焦虑状态下的情感会对你注意和专注的能力造成不利的影响，而这两种能力对于记忆机能来说起到最基础的作用。因为你的注意力转移到了那些打断你的事物上面，你失去了你的目标信息线索。在70%~80%的情况中，遗忘都是因为理解或者注意出了问题。情感是具有破坏性的，神经紧张会造成记忆阻塞。谁能在公共场合露面从来不怯场呢？演员们对于上台之前大脑忽然一片空白的经历最有发言权了。遗忘的恐惧能够诱发足够的压力，从而导致记忆回路的瘫痪。但这只是暂时性的，你只需要重新开始，开始讲话以便重新启动整个记忆机器，怯场就会消失，你的记忆系统也就重新开始正常工作了。

2. 身体迹象

你可能发现自己的身体会对压力做出反应。你感到焦虑和疲惫不堪、没有胃口、不断地感到被打搅而不能集中注意力、变得消极、睡眠模式被破坏，并经常做令人提心吊胆的梦。严重的压力会引起诸如过敏、消化不良、皮肤病、疼痛、精神恍惚等身心疾病。虽然还没有明确的解释，但慢性疲劳综合征被一些研究者认为是严重压力使身体不适加剧的后果——这几乎就像是你再也应付不了了，系统陷入瘫痪一样。

3. 如何对付压力

要对付压力就必须设计策略。你必须识别早期的警示，然后学会如何去处理问题。

首先，你必须识别原因。

（1）是自己所处的环境吗？

（2）是不是只是自己要做的事情太多了？

（3）是不是当前有什么特殊的原因？

（4）是否因为自己的生活方式而加剧？

（5）是否能有效地管理自己的时间？

（6）在白天有办法释放已经形成的紧张吗？

（7）有足够的自我支配时间吗？

然后试试以下策略。

（1）保证自己的正常呼吸（深呼吸的技巧会有镇静作用）。

（2）检查自己的生活并制定一个计划。

（3）学会说不。

（4）试试放松的锻炼，如瑜伽。

（5）适当地修正自己的生活方式。

八、主动遗忘是为了更好的记忆

我们的大脑每天都要记住很多的新事物，随着不断接触新事物和新的记忆加入，遗忘也会不可避免地出现。也就是说，记忆新事物会对记忆中原本就存在的、与新事物相联系但却无关的旧有记忆造成损害，但是这种遗忘是有益的，大脑不断地弱化不重要的记忆和经验，将会保证自身更有效的工作。其实有记忆就会有遗忘，如果没有遗忘，也就没有所谓的记忆了，大脑的主动遗忘是为了我们能更好地记忆。

（一）了解“遗忘曲线”，加强记忆力

人类研究记忆与遗忘规律的历史源远流长，只是到了近代人们才找到其规律，其成果首推艾宾浩斯的遗忘曲线。艾宾浩斯是19世纪末德国

的实验心理学家，他把实验结果绘成图表，这就是有名的艾宾浩斯遗忘曲线。

艾宾浩斯用三个希腊字母构成“无意义”音节，以此作为记忆的对象。在心理学中作记忆实验时，使用有意义的词如人、语言、松、男人、俏皮话、树梢等是不合适的。这是因为即使是同一个词也会在个人之间引起不同的联想。如用无意义音节，对什么人都是无意义的，所以唤不起联想。

他所使用过的无意义音节是 PIJ 或 CAZ 或 VEC，在两个辅音之间加上一个元音，由三个字母构成音节，使发音容易一些。

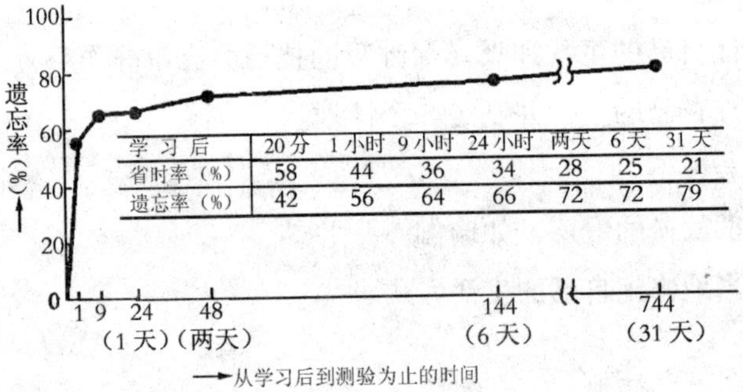

学习后	20 分	1 小时	9 小时	24 小时	两天	6 天	31 天
省时率（%）	58	44	36	34	28	25	21
遗忘率（%）	42	56	64	66	72	72	79

把这些无意义音节八个作为一组，共分八组，把自己作为被试者，测定完全记住所需时间。其结果是用了约 1000 秒。而过了 20 分钟之后，把同样内容再反复记一遍时，缩短为 420 秒。就是说快了 580 秒。这个快的时间，用百分率表示它就是“省时率”。所以 20 分钟之后的省时率为 58%，反过来说，“遗忘率”为 42%。图表表示从 20 分后到 31 日之后的遗忘率。

由此图表可知，20 分钟后的遗忘率为 42%，初期的遗忘率是很迅速的，而在这以后的遗忘率却是缓慢的，一个月以后的省时率约为 20%，就是说一周以后也好，一个月以后也好，为了恢复最初时的记忆，只要最初记忆所需时间之 80% 左右即可。

这件事还告诉我们，遗忘是在学习之后急速进行的，要想防止它，必须尽早地加以复习。

（二）积极的遗忘是件好事儿

1. 正确的遗忘等于想起了一半

遗忘既不是记性差的标志，也不是记忆效率低下的原因。相反，它是良好记忆力所必备的重要机能之一。正确遗忘等于想起了一半，为了确证遗忘不是“恶”，而是正常记忆功能所必备的机制之一，我们不妨来大致地分析一下遗忘的认识功能。在此必须指出，遗忘是多种多样的，有无意的（即消极的）遗忘，也有积极的遗忘，即有意地排斥信息。就记忆力训练而言，有意义的只是有意即有目的的记忆工作，所以这里只谈积极排斥信息的问题。为了弄明白积极遗忘的机理和功能，必须将实际上绝不会忘记的信息和有可能忘记的信息区分开来。例如自己的名字、地址、同事和亲人的相貌等等，我们是绝不会忘记的，因为这类信息是我们极其需要的、经常要使用的，因而也不断地得到重复的信息。这类信息是永远不可能从自觉记忆中排挤出去的。

但是自觉记忆的容量又是有限的。对于那些虽然很重要、但并非天天要用的信息，我们必须设计保持在记忆中，而在保持的同时又要避免自觉记忆负担过重。我们的记忆力具有一种有效而合理的手段——积极的遗忘——来执行这个任务。这种遗忘的功能就是将这种信息排挤到潜记忆（即不自觉记忆）里去。在这种遗忘中，信息当然就不会被摈弃，即不会从记忆中消失，而只是转入潜记忆里去；当需要的时候，还可以使它返回到自觉记忆里来，也就是说，还可以回忆起来。进入潜记忆中去的信息不同于从瞬时记忆中消失的信息，它一般是不会消失的。它也不同于那些记得不够牢的或者由于使用得少而受排斥得厉害的信息。遗忘的真正原因多半在于自觉记忆保存信息的能力有限。而既然自觉记忆能力有限，人脑就必须具备一种避免自觉记忆负担过重的保存信息的机制。

这种机制就是遗忘，可以让人脑能够把信息从自觉记忆中转移到潜记忆里去，从而腾出地方来接受那些不断地进入脑子的、既极其需要而又随时都可能再现的信息。这样，人脑就能够积存大量的信息而又不使自觉记忆负担过重。因此，积极的遗忘并不是“恶”，不是记忆力差的标志；相反，它是使人脑获得记忆高效率的一个极其重要的因素。真正的“恶”不是这种本来意义上的遗忘，而是不善于运用遗忘。是对遗忘运用不善在妨碍着我们迅速而准确地回忆忘却了的东西。如果我们学会了自觉地运用遗忘机制，就能大大提高回忆的效率。因此，我们应当抛弃对遗忘的恐惧心理和成见，换上这样一种思想，即：正确地运用遗忘机制等于记起了一半。由此可见，在记忆力训练中不应当在设法避免或克服遗忘上耗费心血，而应当为学会熟练运用遗忘而多下功夫。

2. 我们要做好选择工作

在进行积极的遗忘之前，首先必须确定什么样的信息应当遗忘，而什么样的信息不应当遗忘。记忆效率的高低在很大程度上取决于这一步工作。首先，不重要的信息根本就不应当记住。这种信息应当尽快地摈弃，没有加以保存以备再现的必要。

另一种不应遗忘的信息是极其重要而且经常要用的信息。这类信息要永远保存在自觉记忆里，以备再现。因此，这类信息要永远“随身携带”，以备“随手拈来”使用。

为了做好这种选择工作，要懂得自觉记忆中的信息一般要具备三个特征：

①极其需要。

②使用频繁。

③堪作从潜记忆中提取信息的工具。

虽然极其重要、但是并非经常要用、与你当前的活动无关的信息，应当保存在潜记忆里。也可以说这类信息是要暂时遗忘的。

与自觉记忆相比，潜记忆的容量要大得多，其负担过重的危险也小得多。因此要尽量多往潜记忆里装信息，而让自觉记忆保持轻装，以便于接收最重要的信息。回忆的效率不是首先取决于自觉记忆中的信息的数量，而是首先取决于它的质量。

常听人说，最易忘记的是令人不快的事，而使人高兴的堪称“美”的事记得最久。其实不然，——正是令人不快的、使人肝肠寸断的痛苦在脑子里记得特别牢。实际上，信息是否易忘主要不是在于它令人愉快还是不快、美还是丑，而是在于该信息在多大程度上符合人所从事活动的目的。无论它是令人愉快的，还是令人不快的，只要它不是经常使用的，它就会被时刻处于“战备”状态的信息从自觉记忆中排挤出去而忘掉。这是一种自然的、合理的过程，所以应当自觉地进行。不合理的遗忘首先是指随时都可能要派上用场的信息被忘掉了。所以，应当遗忘的只是那些重要、但用得很少的信息。

3. 建立“结绳记事”遗忘法

“结绳记事”这个古代行之有效的回忆忘却事物的办法，是有科学根据的。我们为了随时都能够使遗忘了的信息从潜记忆中返回到自觉记忆中来，也得在自觉记忆中打个特殊的“结子”。

这种将遗忘事物与自觉记忆联结起来的结子，可以采用中心词的形式；这个中心词能向我们指示在潜记忆中保存的是什么信息、保存在潜记忆的什么地方以及怎样使该信息返回到自觉记忆中来。有三种中心词，即内涵中心词、联想中心词和结构中心词，它们分别与熟记时使用的内涵联系、联想联系和结构联系这三种认识联系相对应。比方说，我们要遗忘某个解释记忆功能问题的信息。如果是借助一些密切相关的内涵联系来进行熟记的，那我们就可以选取“记忆”这个词作为内涵中心词。这个中心词能告诉我们：第一，所熟记的是个什么样的信息；第二，这个信息保存在何处（在关于记忆问题的知识里面）。这个中心词还能回答“怎样回忆起来”的问题，因为它指明了为促进熟记和回忆而建立的内涵联系。

如果关于识记过程的信息是借助联想联系（例如，假如是采用了这样的联想：“记忆机制——关于考试的回忆”）来熟记的，那就可以选用“识记过程与考试”这个词组作为联想中心词。从这个中心词也可以清楚地看到，关于借助联想联系进行识记的信息与我们关于考试的回忆已经成双配对地结合在一起了。

如果我们把记忆的六个主要阶段——接收、集中、熟记、复习、遗忘和回忆依次编号，并按照顺序把它们背记熟了，那就可以用“六个记忆阶段”这个词组作为结构中心词。这个中心词也和上述两种中心词一样能够回答保存的是“什么信息”、保存在“什么地方”和“怎样回忆起来”的问题。

所以，这种中心词是一种把遗忘了的（即受到排挤的）信息同自觉记忆联结起来，从而能使遗忘了的信息得以回忆起来的“结子”。中心词简明扼要地反映出所遗忘信息的实质，并且告诉我们该信息保存在何处和怎样回忆起来。中心词应当与熟记时采用的认识联系一致。

4. 遗忘的要领

（1）什么应当遗忘和什么不应当遗忘

要学会区分应当遗忘的信息和不应当遗忘的信息。不属遗忘范畴内的信息有两种：一种是毫无用处，以至于根本不应熟记、而应当在接收之后立即摈弃的信息。这种信息一经摈弃便在记忆中彻底消失。另一种是极其重要而经常要用或在回忆已遗忘信息时要用的信息。

属于遗忘范畴之内的信息则是重要而又并非经常要用的信息。

（2）为了正确地遗忘，要正确地进行熟记和复习

必须遗忘的信息要事先正确地熟记和复习。也就是说，要建立适当的、密切相关的联系并通过复习来巩固记忆。

（3）正确的遗忘需要中心词

中心词与必须遗忘信息借以熟记的认识联系（内涵联系、联想联系或结合联系）相一致。

（4）积极的遗忘是对信息的排挤

信息在经过熟记、复习和选好中心词之后，必须加以排挤，所以这时要停止对它的熟记和复习，要接收新的信息和集中注意新信息，借以排挤必须遗忘的信息。但对中心词要继续进行复习，以免它同时受到排挤。

第二章

拥有超级记忆，必须“养”好大脑

大脑也需要营养，记忆力也需要营养的“滋润”。只要我们运用科学的方式、方法，你就完全能从借助各种助脑药剂的困惑中解放出来，既做到精力充沛、记忆超常，又能养成良好的生活习惯，何乐而不为呢？

一、人的大脑里藏有哪些秘密

人的一切心理活动和智慧活动都是通过人脑来实现。人脑是精神活动的物质基础，要开发我们的大脑，必须先了解大脑的基本结构及其工作原理。要想真正让自己的大脑发达起来，首先要了解大脑是怎样构成的，进而了解它是如何运作、如何记忆、如何集中注意力、如何进行创造性思维的，这是科学开发大脑的前提。

（一）脑的功能

人的大脑功能远较电脑复杂，具有卓越功能的电脑至多相当鼠脑而已。大脑细胞每秒钟接受成千上万个输入的信息，大部分收到的信息来自视觉。每分钟由周围神经传人的信息近亿个，即使在睡眠时，脑与身体各部位信息的往返传递亦达5000万次。大脑信息的传递速度，据推算，1小时可达576公里。脑与脊髓输送信息至600多块不同的肌肉。每个神经元在传递一个信号后，在短于0.001秒时间内即可输送第二个信号。脑的各个部位，有其不同分工。

1. 大脑

大脑让我们思考，并负担复杂的工作，如讲话、阅读和控制有意识的运动。大脑分成左右两半球，左半球控制右半侧躯体的随意运动，右半球控制左半侧躯体的随意运动。大脑的两个半球，其中之一占支配地位，这可根据平日习惯上用哪一侧手操作（如写字、刷牙、用筷）来判断：习惯用右手，则左半球占支配地位；习惯用左手，则右半球占支配地位。支配地位的脑半球主司逻辑推理、思维组织、阅读与写作、语言、计算、符号的认识。另一半球主司空间关系的认识、音乐及艺术才能，对人物的认识、想象与梦幻、情感上的感受、幽默感等。换言之，支配地位一侧的脑半球可视为承担理智性、需要思考推理的事；另一半偏重直觉的感受与想象，反映了感情的一面。

大脑两半球又可分为四个区域，分别为：额叶，负责计划、组织、运动和言语表达，它的功能包括情绪反应、推理、判断和随意运动；顶叶，主要负责接受痛、痒、冷、热等感知和各种感知觉的联合；枕叶则是视觉中心，负责视觉信息的处理；颞叶是听、讲和记忆中心。大脑皮层接受各种感觉的信息，并将大脑的命令传送给身体各部。

2. 脑干

脑干位于大脑与脊髓之间，它的重要性仅次于大脑，控制生命的基本功能，如呼吸、心跳等。在脑干中央有一细胞团块，称为网状结构，它随时接受上百万的信息，按其重要性分析，作出判断。其下的脑桥，对传入大脑的资料加以分类，决定信息应由大脑哪一部位进行处理。

3. 小脑

大小如杏子，掌控人体保持平衡，对运动器官做出协调反应。小脑在感觉感知、协调性和运动控制中扮演重要角色，就像一个调节器，来调节运动的准确性、协调性和连贯性。例如，人喝醉酒时，走路会晃晃悠悠，就是因为酒精麻痹了小脑。

小脑的主要功能是运动控制。不过，现代生物医学研究表明，小脑在认知功能、注意力和语言处理、音乐处理以及时间控制方面也有重要作用。

4. 边缘系统

人的情绪反应由此部位掌控。受到惊吓会尖叫，跳起来；听到悲伤消息会流泪；遇事受窘，面颊自然潮红。边缘系统不同部位亦各司其职。

（1）丘脑：在大脑底部，犹如筛选员，将外界传入信息，先分类再传入大脑，让大脑进一步处理。当一个冷的物体接触身体，丘脑将此温觉传入大脑，唯有大脑可分辨此冷的物体接触到人体何部位，是何物。丘脑除了温度与触觉，对压力与疼痛亦可分辨。丘脑还具有记忆功能。

（2）下丘脑：位于脑中部。调节体温、食欲、口渴感，并控制掌管内分泌腺的脑垂体，亦调控情绪反应，如发怒、欢愉、痛苦等。

（3）海马回：位于大脑内，状如马蹄铁。其任务为帮助学习与记忆。它接受丘脑获得的感觉信息，接受下丘脑得到的情绪信息，建立短时记忆。

（4）基底结：位于大脑底部的神经元团块，其功能除掌控已学会动作，如行走外，通过其生产多巴胺的黑质与大脑额叶相连。基底结中还有如豆大的细胞团，左右大脑半球都各有一粒，与情绪有关，可唤起过去情绪事件的回忆，同时亦如一个警报中心，当感到周围有危险出现时，会将信息接通大脑的有关区域，通过协调引起一连串的生理反应。

5. 神经元

大脑依靠整个神经系统发挥作用，其基础为神经元。神经元担任了信息传递的重要角色，不同神经元依靠各自突触进行联系，可以释放信息，也可以接收信息。信息输送的动力依赖于神经元内脉冲的电位差。神经元释放的信息为化学物质，称为神经递质。

神经元的轴外有一层白色脂肪样物质覆盖，此称为髓鞘质，神经元愈活跃，覆盖的髓鞘质愈多，信息的传递就愈快。一个神经元释放的信息，必须在接收信息的另一神经元突触处于兴奋状态下，信息才可通过。如信息被接受，接受方神经元的膜会发生化学改变，使信息借着神经细胞轴电位差的改变而传递。

神经元寿命比人体其他部位细胞寿命要长，它依靠谬质细胞生存。谬质细胞提供神经元的营养，运送死亡细胞的废物，保护神经元不受毒素伤害，大约每一个神经细胞元有 10 个谬质细胞为它服务。

（二）左脑与右脑的差异

人类的大脑由大脑纵裂分成左、右两个大脑半球，他们在不同的智力区域有不同的作用。

美国罗杰·斯佩里教授通过割裂脑实验，证实了大脑不对称性的“左右脑分工理论”，并因此荣获 1981 年度的诺贝尔医学生理学奖。

罗杰·斯佩里教授认为正常人的大脑两半球之间由胼胝体连接沟通，构成一个完整的统一体。在正常的情况下，大脑是作为一个整体来工作的，来自外界的信息，经胼胝体传递，左、右两个半球的信息可在瞬间进行交流（以每秒10亿位元的速度彼此交流），人的每一种活动都是两半球信息交换和综合的结果。

大脑两半球在机能上有分工，左半球感受并控制右边的身体，右半球感受并控制左边的身体。左脑主要负责语言、分析、推理、计算、理解和判断，对文字、符号具有识别的能力；其思维方式以抽象思维和逻辑思维为主，具有连续性、延续性和分析性等特点。通常被称为逻辑脑、语言脑、理性脑和学术脑。

右脑主要负责心像、直觉、灵感、想象等能力的产生，对图形的识别和对感情的控制等，对音乐、艺术具有特别的鉴赏力；其思维方式以形象思维和直觉思维为主，具有无序性、跳跃性和直觉性等特点；通常被称为心像脑、创造脑、感性脑和艺术脑。

综观左右脑的主要机能与思维方式，左右脑的能力是无法相互替代的，左脑善于对某一事物进行严密的推理。深入的分析，是人一切理性活动的基础；而右脑善于展开空间的想象，依靠直觉思维产生许多创造性的想法，右脑对于人的想象与创造活动具有左脑无法比拟的优势。

尽管右脑理论最早起源于西方，但日本是右脑教育最发达的国家，近几十年来涌现了许多优秀的右脑教育专家，七田真博士是杰出的代表，他40多年来致力于倡导和实践右脑教育的研究、开发和推广。目前日本有400多所学校采用七田真教学法。他的教育理论还远播美国、中国和东南亚等地，在国际上产生了广泛影响。

关于左脑与右脑的其他差异，七田真则主要是从“信息记忆容量”和“信息处理速度”两个方面来分析和阐述的。

（1）在“信息记忆容量”方面，左脑对进来的信息话语有意识地进行记忆，因此它的记忆容量是有限度的；右脑则对进来的信息心像化（图形化），无意识地进行记忆，所以它的记忆容量没有限度。

上述结论根据在于；通过左脑的记忆很快遗忘，与记忆相比遗忘的速度更快，这是因为左脑的记忆容量有限，不遗忘就不能记忆新的信息。与此相对应，右脑中存在的记忆不但不会忘记，必要时随时都可以再现。这是因为右脑的记忆容量没有限度，并且可以对信息进行图形化记忆。

（2）在“信息处理速度”方面，进入左脑的信息需语言化处理，所以需要花费时间：而进入右脑的信息是图形化处理，瞬间就可以完成。

同时，七田真及许多日本右脑教育专家认为右脑包揽着人生活所必需的最重要的本能和自律神经系统的功能，以及道德、伦理观念乃至宇宙规律等人类所获得的全部信息。比如，刚出生的婴儿如果左脑出现障碍，可以照常吃母亲的奶，如果右脑出现障碍，就不能吃奶。意识行为的本能属于右脑的功能范畴。这就说明了右脑天生存在着生存所必需的最佳信息，是人类先天的记忆宝库，而左脑不断储存着后天所获得的各种信息，成为经验和知识的记忆宝库。

（三）左右脑协同工作

左右脑在生理机能上有分工，但在大脑工作时必须有协作，这是大脑工作的基本规律。

在任何时候左右脑都是协调工作的。比如你手拿着一个苹果，咬了一口。看似简单的动作，脑中却已经进行了相当复杂的处理程序：眼睛看到了苹果的形状、颜色，鼻子嗅到了苹果的气味，手触摸到了苹果的温度及重量，接着咬下苹果时，舌头上的味蕾分辨出了苹果的味道，在以上的感觉器官分析出结果传输到左脑时，此时左脑开始运作，回溯到以往所学习过关于苹果的记忆，判断出口中所咬的是苹果，于是才放心地开始吃。这一个简单的过程就需要左右脑的协调才能完成。

麦克·马纳斯说得好：“无论怎样分开谈论左右半脑，它们实际上都是协作的，大脑作为一个运行平稳、唯一的联合体，是完整统一的。左半脑知道怎样处理逻辑，右半脑了解世界。两者结合在一起，人类就有了强有力的思考能力。只用任何一个半脑的结果将是古怪可笑的。”右脑开发的目的是为了充分发挥右脑的优势，并不是以右脑思维代替左脑思维，而是更好地将左右脑结合起来，进行人类左右脑的第二次协同，充分调动起人脑的潜能。

斯佩里的研究表明，人的大脑两半球存在着机能上的分工，对于大多数人来说，左半球是处理语言信息的“优势半球”，它还能完成那些复杂、连续、有分析的活动，以及熟练地进行数学计算。右半球虽然是“非优势的”，但是它掌管空间知觉的能力，对非语言性的视觉图像的感知和分析比左半球占优势。有研究表明，音乐和艺术能力以及情绪反应等与右半球有更大的关系。对于正常人来说，大脑左右两半球的功能是均衡和协调发展的，既各司其职又密切配合，二者相辅相成，构成一个统一的控制系统：若没有左脑功能的开发，右脑功能也不可能完全开发，反之亦然。无论是左脑开发，还是右脑开发，最终目的是促进左右脑的均衡和协调发展，从整体上开发大脑。

脑科学家奥恩斯坦也发现，如果对两“半球”中的“未开垦处”给予刺激，激发它积极配合另一“半球”的作用，结果大脑的总能力和效率会成倍地提高。一个“半脑”加另一个“半脑”不等于一倍的效益，因为这不能按照常规数学进行运算。用一个“半脑”发挥作用并加到另一个“半脑”上时，产生的效果常常是提高 5 ~ 10 倍。所以开发右脑就是要通过调动右脑的功能，增强左脑的功能，从而提升全脑的功能。

可见，如果我们大脑左右两个半球都能够得到充分的开发和利用，使用全脑思维，那么我们一定能够获得超强的能力。

但是，我们人类虽然拥有完整的“全脑”——左右脑，但仅使用了大脑的半边，特别是多以左脑为主，而右半边的大脑几乎闲置。为什么会这样呢？这跟我们的教育密切相关。

相关教育研究者认为：“现今学校教育从事的只是针对左右脑中的一个半球体（左脑）的教育，剩下的一半就任其搁置。这使得具有能达到高水平可能性的人脑闲置，如同不让他去学校学习一样。”美国的盖洛普民意调查研究所盖洛普所长也认为：“现今的教育是以灌输知识为主要目标，这种教育对孩子们所具有的智力开发很少起作用，今后应该直接开发大脑，把发掘自身具有的潜在能力作为教育的目标。”

这两人共同指出的事实是，迄今为止的教育是左脑教育，没有进行右脑的培养。也就是说，我们目前接受的教育只重视左脑而忽视了右脑，而右脑的教育也是很重要的。

（四）大脑潜能开发的关键在右脑

人脑中有2000亿个脑细胞，可储存1000亿条信息。思想每小时游走100多里，拥有超100兆的交错线路，平均每24小时能产生4000种思想，是世界上最精密、最灵敏的器官。

研究发现，脑中蕴藏无数待开发的资源，而一般人对脑力的运用不到5%，剩余待开发的部分是脑力与潜能表现优劣与否的关键。

从左右脑分工理论我们知道，左脑司语言，也就是用语言来处理信息，把进入脑内看到、听到、触到、嗅到及品尝到（左脑五感）的信息转换成语言来传达，相当费时。左脑主要控制着知识、判断、思考等，和显意识有密切的关系。

右脑控制着自律神经与宇宙波动共振等，和潜意识有关。右脑是将收到的信息以图像处理，瞬间即可处理完毕，因此能够把大量的信息一并处理（心算、速读等即为右脑处理信息的表现方式）。

一般情况下右脑机能受到左脑理性的控制与压抑，因此很难发挥即有的潜在本能。然而懂得活用右脑的人，听音就可以辨色，或者浮现图像、闻到味道等。心理学家称这种情形为“共感”，这就是右脑的潜能。

二、脑细胞的记忆机理

神经系统是由几十亿个功能不同的神经元构成的。感觉器官的神经元把来自周围神经系统的信息（视觉、听觉、味觉、嗅觉、触觉）传递到大脑，而运动神经元把它们传向相反的方向以控制肌肉。大脑本身也是一个复杂的神经元网络，用于整合感觉信息，并决定做出何种回应。

为了弄清楚记忆所依赖的生理和生物化学机理，首先必须了解单个神经元是如何传递信息的，以及与其他神经元是如何接合的。

（一）神经元和突触

神经元是一种特殊的细胞，能够更新、传递和接收电脉冲，或者更确切地说是生物电，因为这种电现象产生于活的生命体。电脉冲（称为动作电位或者神经冲动）先在一个神经元内部传递，然后在构成整个神经系统的网络中传递，某些神经纤维每秒能够传输150米。

神经元细胞体包括细胞核、树突和轴突。轴突是一个单一的延长部分，长度从1毫米到1米不等，在末端都形成球状。动作电位通过轴突被传递到位于另一个神经元表面的接收器上，连接两个神经元的“接合”区域称为突触，根据其承担功能的不同，每个神经元与其他的神经元通过1000～100000个突触连接在一起。

（二）如何传递信息

细胞膜起着划分电势能的作用，细胞外部为正，细胞内部为负。有些细胞称为应激细胞，如神经元，这种细胞能够产生动作电位，一种和正负电极转换有关的生物电刺激。在千分之几秒内，大量汇集在细胞膜上的钠离子（正离子）进入细胞内，迅速改变细胞内外的极性，使得细胞内部变成正极，外部为负极。

1. 为信息编码

动作电位差约为100毫伏，它们的频率随着需要传输的信息的变化而变化，刺激越强烈频率就越紧凑。动作电位就像一种简易的莫尔斯代码，由简单的符号与停顿组成，或像只使用0和1的计算机二进制语言。

2. 从一个神经元传递到另一个神经元

动作电位通常在树突的表面产生，延伸到整个细胞体，直到轴突的顶端，表现为生物电形式的信息通过突触从一个神经元传递到另一个神经元。

当动作电位到达前突触的轴突末梢时，化学分子——神经递质被释放到两个神经元之间的突触空间中。随后，化学分子固定在后一个神经元的接收器上，引起化学反射串，在第二个神经元里促发动作电位（激发突触传递)，或反之，阻止动作电位（抑制突触传递)。

同一个突触可以释放不同类型的神经递质，至今已发现100多种，都出现在与记忆相关的大脑活动。

（三）记忆的细胞机理

一个人在出生时拥有约400亿个神经元，它们之间通过众多突触相互连接，特别是在大脑中。神经元网络随着生命的进程而改变，一些连接将被巩固（例如通过学习)，另一些则被消除。这就是我们所说的神经元和大脑的“可塑性”。

然而，人类神经系统如此复杂，以致无法研究记忆的细胞机理。目前，关于这个领域的大部分研究，均来自对无脊椎动物或者某些哺乳动物的最简单的神经系统的研究。

（四）习惯化与敏感化

某些海洋蛞蝓的神经系统是最常被研究的对象之一，它由分布在10个神经节上的20000个神经元组成。这些神经元直径可达1毫米，对其染色有助于对它们的分辨、操作和观察。

当我们碰触蛞蝓位于腮下的排泄口时，它会紧缩，同时腮片也会缩到外壳里。如果不断重复这个生理刺激，排泄口的收缩程度会随着时间减弱（习惯化)，腮片也越来越放松。在我们自己身上做类似的实验会出现什么现象呢？电话铃声先会让我们吓一跳，之后，我们对电话铃声的反应越来越弱。在另一个实验中，我们在触碰蛞蝓的排泄口时，如果同时用弱电点触它的尾部，它的运动反应会加强（敏感化)。

（五）长期协同增效作用

在蛞蝓身上观察到的反应从几分钟持续到几小时，甚至在停了几天之后再进行刺激时，又能够持续几个星期。在显微镜下可以看到，神经递质的自由度在神经元接合的突触上被潜在作用增强了，同时发生生物电的变化，这从本质上影响到神经元的应激性。我们称这一效应为长期协同增效

（或抑制）作用，“长期”的定义与神经元应激性的持续时间有关，而与记忆形式无关。

比方说在敏感化作用中，两个优先结合的神经元被同时刺激，后突触的神经元会增强其应激性（协同增效作用），或恰恰相反，造成应激性减弱（协同抑制作用）。

在哺乳动物的某些大脑区域也观察到了类似现象，特别是在海马脑回和小脑中。而海马脑回直接作用于记忆，小脑则影响运动功能。

（六）生物电的改变

生物电的改变是构建短期记忆的基础，这一现象能从一个更微观的层面上找到解释：分子说。

在习惯化的实验中，我们观察到神经递质释放的比率随着时间的推移而减少；而在敏感化实验中，这个比率会增加。记忆被解释为，通过突触的包含神经递质的突触小泡的数量的变化，这种变化直接与细胞间钠的变化有关。像长期协同增效作用这样的生物程序是极其复杂的，研究人员已发现了几十种在这些程序中作为媒介或调节者的分子，如接收器 AMPA 和 NMDA，蛋白质 G，蛋白酶等。

（七）神经元的改变

如果生物电的改变能够作用于短期记忆，那么如何能够“决定性”地储存记忆呢？又如何在神经元上加固记忆呢？对于长期记忆，仅仅是生物电临时的和可逆的改变是不够的，是基因发挥了作用。事实上，对一个神经元的重复刺激将引起处于细胞核内的某些特殊基因的活化，于是真正的“加工”便开始了。

第一步，基因活化将引发大量蛋白质的产生，这些蛋白质用于形成接收器和能够保证持久强化神经信息传递的元素。

第二步，在重复刺激的作用下，基因活化产生的新的蛋白质将参与神经元自身的增生。蛋白质首先在树突的顶端形成许多刺状物，刺状物在伸长的同时又产生新的树突，并与其他神经元建立新的连接。如此发展，就形成一个新的特殊网络，这些神经元结构的改变就是长期记忆的细胞基础。

三、给大脑做“操”，对记忆大有好处

德国当代的心理学家科尔经过长期的实验研究，指出：作为人体“最高司令部”的大脑，每天要接纳大量信息并予以一一处理，其工作之繁重是可想而知的。脑所需的营养成分是靠血液来供应的，每天从心脏输送出来的血液有16%到25%是供给大脑的。脑的耗氧量要远远超过肌肉耗氧量。大脑对人类的重要性是毋庸置疑的。

简单地说大脑保健是用脑艺术的重要组成部分，只有保健得好，才能用得好。同时，大脑与身体密切关联，对脑的保健，必须涉及对身体的保健。两者共同构成了记忆的物质基础。

近日，美国当代的记忆研究学家米德·茵莱在某大学进行了这样的一项实验：他挑选了一位记忆中等的学生，让他每星期接受三至五天、每天一小时，背诵由三个数至四个数组成的数字的训练。每次训练前，他如果能一字不差地背诵前次所记的训练。就让他再增加一组数字。经过20个月约230小时的训练，他起初能熟记7个数，以后增加到80个互不相关的数字，最后他的记忆力能与一些具有特殊记忆力的专家媲美。

可见，记忆力通过训练的确可以提高。事实上，古今中外的许多名人学者都通过各种方法来锻炼自己的记忆力。马克思从少年时代开始，坚持不断地用一种自己不太熟悉的外语去背诵诗歌，有意识地锻炼记忆力；列夫·托尔斯泰也是，每天早晨，他都严格要求自己强记一些单词或其他方面的东西，以增强记忆力。

下面给大家介绍几种行之有效的提高记忆的训练方法：

（一）积极暗示法

许多人之所以记忆力不佳，是由于对自己的记忆力缺乏自信。在面对

一个要记的材料时，这些人常常想："这多难记啊!""这么多，我能记住吗?"这种想法是提高记忆力的最大障碍。

美国某心理学家曾说："凡是记忆力强的人，都必然对自己的记忆充满信心。"要想树立起这种信心就要进行积极的自我暗示，经常在心中默念："我一定能记住!"当你对能否记住缺乏信心时，也可以回忆自己过去的成功经验，如"我曾在全班各科考试成绩排前五名，我几岁的时候就能背许多唐诗"。当这些过去良好的记忆形象再次浮现时，会增强你一定能记住的信心。

（二）精细回忆法

我们在平时的学习和生活中，识记了很多东西，却很少去回忆。识记和回忆之间不平衡，使我们的记忆变得十分模糊。

经常回忆，回忆得尽可能精细，是锻炼记忆力的好方法。比如：回忆一间你非常熟悉的房间，想一想房间里都有什么？门窗朝哪开？家具都摆在哪里？墙上挂着哪些装饰品？暖气片和电灯开关在什么地方？并检查你遗漏了什么。

想一想一小时前你在做什么？你在哪里？和什么人在一起？你们在一起说了什么？那个人长得什么样？你如何向别人描述他的长相？

回忆一下你最近看过的电影，电影里都有哪些主要人物？发生了什么事？他们都做了什么？结局如何？要尽可能想出电影中每一个镜头。

回忆一下你童年的伙伴，你们在一起都做过什么？还能记起他们的名字吗？他们的家都住在什么地方？

（三）奇特联想法

联想是促进记忆的一种方式。比如，我们遇到一个生字：该字由口和羊组成，怎么叫"咩……"字义出来了，字音也知道。咩，羊叫之声，读 mie。

奇特联想是联想的一种，是将要记的东西在头脑中人为地形成一定的联想，从而帮助记忆。比如，要想记住长江流经的十个省份地名：青海、西藏、四川、云南、湖北、湖南、江西、安徽、江苏、上海要求按名次记忆，不能颠倒顺序。

我们可以先准备一套数序定位词。笔就可以想象成1；鸭子从侧面看像2；把3向左放平，像螃蟹；钢锯的外形跟4相像；5像小钩子的秤钩；6像一个乒乓球拍的那种水壶；7像劳动用的镰刀；8像铁链；9像炉锥子；10像铁环。

有了这套数序定位词，我们就可以把需要记忆的材料，通过联想同这些定位词钩挂起来进行记忆。联想的方法可以根据各人的具体情况进行。如我们可以这样进行联想记忆的：

笔——青海：我用毛笔，在大海里搅起一条青色的海带（重点词汇的谐音，以下相同）。

鸭子——西藏：好嬉水的小鸭子，一个猛子扎到水里，在它浮出水面时，嘴里拖出一条白色稀蚊帐（西藏，谐音稀帐）。

螃蟹——四川：螃蟹想当医生，站起来用两只大夹子试穿白大褂，结果在白大褂上试穿了两个大洞（用试穿来谐音四川）。

钢锯——云南：我把钢锯抛向天空，钢锯在天空把正在飞动的云彩拦住了。

弹簧秤钩——湖北：我把弹簧秤钩放到湖里，把湖里的白菜都钩了出来。

水壶——湖南：我把水壶里的蓝墨水倒进湖里，湖水全都变蓝了。

镰刀——江西：我站在长江边上，把用黄泥做成的镰刀放进江水里，江水把镰刀都浇稀了。

铁链——安徽：我把长长铁链按进火炉的炉灰里，不小心手都被炉灰里的火烫伤了。

炉锥——江苏：我很爱吃羊肉串，我用炉锥子穿上生姜和酥肉烤肉串吃。

铁环——上海：哪吒在海边玩铁环，巨大的铁环在海上飞快滚动着，激起浪花朵朵，而且铁环越滚越大（用海上代表上海）。

运用这种方法，具体记起来可以因人而异，极富创造性与灵活性。不但可以记住顺序，而且倒记正记，都会准确无误。

这样，开始的时候看起来好像有些麻烦，其实如定位词一类的东西只是一种工具，只要一开始准备好了，就是一劳永逸的事情。大家一定要有鲜明的动画场景在脑海中，这样才会记忆深刻。

（四）限时强记法

在规定的时间里去背诵一些数字、人名、单词等等，可以锻炼强记的能力。

比如：在3分钟内，背诵圆周率小数点后30位数字：1415 9265 3589 7932 3846 2643 3832 79；

在2分钟内，背诵十个陌生的人名；

在10分钟内，背诵十个外文生词。

（五）记忆保健操

思维按摩训练。这是一种克服思维和学习障碍的简单方法，这种锻炼适合各年龄段的人，可使锻炼者通过运动和触摸调动潜能。

方法1：用拇指和食指从上到下轻轻按摩整个耳朵。这会刺激400多个与大脑和身体相关的穴位，增强注意力、听力和短时记忆力。

方法2：用两只手的手指触摸眼睛周围的穴位，可促进额头的血液循环，消除记忆障碍，增强长时间记忆力。

四、音乐治疗让你获得真正的脑力

在现代社会生活中，紧张的生活节奏，对职业技能的要求不断提高，意外事件（如失业、交通事故、疾病……）的冲击因素都会给现代人造成很大的精神负担，使人们无意识地长期处于一种紧张状态之中。持续的紧张状态会大量消耗有机体的生理及心理能量，从而导致心理平衡的紊乱，精神失常和心理上的器质性病变。但人们往往把疾病看成一种异常现象，而忽略了从整体的身心上去寻找治疗的途径。幸好现代科技的发展，很大部分把人们从追求物质生产的繁重的劳动中解放出来。从而使社会有更多的人更多的时间去完善人类精神生活，音乐治疗学家也重新挖掘音乐在临床医学的神奇治疗作用，它给我们治疗疾病，增进智力带来了福音。

（一）音乐能解除生活中的紧张

人类很多疾病的根源来自于紧张，紧张使人虚弱的一个后果是能削弱身体的免疫系统，压抑免疫系统的活动，并且使人更容易受感染、患感冒并且患其他传染疾病。

根据最新的大脑研究，神经紧张实际上会破坏脑细胞，引起大脑变衰老甚至萎缩，而且大脑活力、效率都会降低。要记住，大脑科学家们认为人的脑细胞有限，随着人变衰老，脑细胞数量也逐渐下降。当许多脑细胞死亡时，集中注意力、唤起记忆、进行运算以及学会新信息的能力都受到损害。

我们大多数人都可能经历过暂时性的脑功能下降，这发生于长期在紧张压力下、缺乏足够的睡眠、食物或放松的情形之下工作。当你不能从生活中完全消除紧张时（实际上心理学家建议，少量的紧张对神经系统有利），可以采取措施减少其影响。

我们的健脑秘诀是：在紧张时期可以利用音乐保持脑细胞活力并且保持心情快乐。

想想音乐那使人平静的效果吧。几年前，音乐理论家、作曲家、演奏者史蒂文·哈尔彭认识到当代生活所存在的问题，并决定谱写专门应付神经系统过度紧张的音乐。他称他的音乐疗法为抗紧张疗法（或叫内心安宁法、内心世界向导、音乐处方）。音乐可以作为治疗紧张引起的脑细胞减少或丧失的处方。哈尔彭谱写的音乐能尽快使听众放松、内心和谐。他认为，大多数人并不知道放松是什么感觉，他的音乐主要是为放松心情谱写的，向我们展示了放松是种什么感觉。

（二）音乐能使人彻底放松

音乐能令人彻底放松，心情宁静，更可令人感觉全身骨骼都放松，舒服极了。

（1）每天进行15分钟的“音乐浴”，选择专门能使人放松的乐曲、演奏的音乐。这种做法能奇迹般地减轻紧张的压力。

（2）可以试验使用许多其他解除紧张、压力，令人放松的音乐。其中有些结合音乐、大自然的声音（瀑布）以及肯定性的话语。比如：凯·哥德纳的《彩虹路》；丹·堪普贝尔的《出世》，《水晶彩虹》；乔纳森·哥尔德曼的《海豚梦》；布来恩·伊诺的《机场音乐》；迪恩。伊文森的《海洋之梦》；迪恩·伊文森的《沙漠月光之歌》；汤姆·巴拉巴思的《赛德纳组曲》。

（3）作为音乐放松法的补充，可以同时洗薰衣草泡沫浴，使自己完完全全浸泡在使人平静的泡沫里，至少泡上20分钟。在泡沫里听音乐，脑细胞会感谢你的。

五、大脑在运转的过程中所需的营养

个体在年龄、饮食、健康、营养状况等方面的差异给制定一个大众化的、有益于神经健康的建议带来了麻烦。在开始食用新补品之前一定要咨询有信誉的营养专家或有治疗经验的医生。由于这个领域充满活力，我们建议你以下面的纲要作为继续学习的起始点。

（一）氨基酸是大脑的营养品

人体中所有已知的蛋白质都由20种氨基酸组成；其中的12种可以在体内生成，因此被称为“非必需氨基酸”。另外的8种，即必需氨基酸，则要从饮食（或营养补品）中获得。科学家发现，含有某些氨基酸的补品能增进精神警醒、缓解疲劳并提高大脑敏捷度。但他们又指出，大剂量地摄入任何一种氨基酸都可能最终扰乱体内新陈代谢的平衡。

1. 苯基丙氨酸

苯基丙氨酸是一种重要的氨基酸，它为制造儿茶酚胺提供原材料。儿茶酚胺是一系列的神经递质，包括去甲肾上腺素、肾上腺素和多巴胺等。儿茶酚胺对精神警醒和精气神儿有促进作用，在传递神经冲动的过程中作用也很大。苯基丙氨酸能够消除精神抑郁（在80%的情况下），提高注意力、学习能力和记忆力，并能控制食欲。它通常含在鸡肉、牛肉、鱼类、蛋类和大豆中，摄取之后身体会产生更多的酪氨酸（对精神警醒有重要作用）、多巴胺（对治疗帕金森症有重要作用）以及去甲肾上腺素和肾上腺素（对学习和记忆有重要作用）。人到45岁后体内一种抑制去甲肾上腺素的酶会增多，所以随着年龄的增长要特别注意苯基丙氨酸及它的影响。

2. 酪氨酸

另一种被称为酪氨酸的氨基酸在医学上具有抗精神抑郁、提高记忆力和加强精神警醒的作用。酪氨酸通常含在鸡肝、干酪、鳄梨、香蕉、酵母、鱼类和肉类中。马萨诸塞州纳提克的美国陆军环境医学研究所于1988年宣称酪氨酸既是良好的兴奋剂，也是在压力下促进精神和身体表现的镇静剂，且没有不良反应。身体利用废弃的苯基丙氨酸（另一种氨基酸）就可以制造出酪氨酸，两种酸都产生影响情绪和学习能力的神经递质去甲肾上腺素。大多数的记忆力补品都包含活性的苯基丙氨酸、酪氨酸和谷氨酰胺。

3. 谷氨酰胺

身体内的生化过程产生了一种被称为谷氨酸的非必需氨基酸，它是大脑的燃料并控制着多余的氨物质。但是，关于谷氨酸最有趣的却是它是除葡萄糖外唯一作为大脑燃料的化合物。谷氨酸通常含在所有小麦和大豆中。人们早就知道，要想更好地记忆和学习，需要提高谷氨酸水平，但以前的问题是它无法以补充的形式被大脑吸收。可喜的是，研究人员已经发现谷氨酸的一种——谷氨酰胺能够穿越保护大脑的障碍，起到促进智力的作用。除了对记忆力有好处之外，谷氨酰胺还能加速溃疡的恢复，对酗酒、精神分裂、疲劳和嗜好甜食也有正面作用。

（二）磷脂是脑细胞的润滑剂

磷脂通常存在于脑细胞脂肪中，包括卵磷脂、磷脂酰丝氨酸、磷脂酰基乙醇胺和磷脂酰基肌醇。所有的磷脂都能提升细胞膜的流动性，这对细胞灵敏性、营养加工和信息转移十分必要。卵磷脂和磷脂酰丝氨酸对记忆力的作用通过帮助提高脑内乙酰胆碱数量、刺激大脑新陈代谢和细胞流动实现。

1. 卵磷脂

食用胆碱是神经递质的前身——乙酰胆碱，它对学习和记忆很重要。实验表明，胆碱可以提升人的记忆力、思考力、肌肉控制力和连续学习能力。克里斯蒂安·吉林博士说："我们的实验显示，让人摄入胆碱可以提升惊人的25%的记忆力和学习能力。"随着胆碱的摄入，乙酰胆碱的生产会增加，关系到细胞间的信息传递。按照政府科学家的说法，这些"思潮的路径"负责着记忆的过程。

胆碱通常含在富含卵磷脂的食物中，如蛋黄、三文鱼、小麦、大豆和瘦牛肉。一种被称为卵磷脂的集中形式的胆碱可以被制成药片。卵磷脂集成物提供了天然卵磷脂，但磷脂酰基肌醇和磷脂酰基乙醇胺会与之竞争吸收，尽管它们也含在卵磷脂中。

因此，吸收卵磷脂的最好方法就是75%，含量的纯脂。研究表明，每天补充卵磷脂可以提升50%的胆碱水平且没有任何不良反应。

2. 磷脂酰丝氨酸

临床心理学家、马里兰州贝塞达记忆评估学术会议研究员托马斯·科鲁克博士说，补充磷脂酰丝氨酸最多可能逆转12年的跟年龄增长有关的脑力衰退。在他的研究中，每天服用100～300毫克磷脂酰丝氨酸的病人表现出了15%的学习能力和记忆力的提高。20世纪70年代的实验支持了科鲁克的发现。除此之外，磷脂酰丝氨酸还对帕金森症、阿尔茨海默氏病、癫痫和与老年脑力衰退有关的精神抑郁有治疗作用。x光检查和脑电图显示，磷脂酰丝氨酸刺激几乎所有大脑区域的新陈代谢。磷脂酰丝氨酸还可以保持细胞膜的灵活性，以应付因时间而硬化的细胞结构。

六、要想记忆好，健脑最重要

众所周知，记忆的能力来自大脑的功能，大脑是记忆的物质基础，记忆效果好不好与大脑有直接关系，而大家往往忽略了的是，大脑的工作能力受营养素的制约，其中大脑所需的营养成分有：脂类、蛋白质、碳水化合物、维生素、矿物质等。

（一）脂肪是大脑的重要营养物质

脂肪是脑所需要的营养物质中最为重要的。从重量来说，脑内的脂肪占整个脑重的50%~60%，脂肪在支持脑的复杂、精巧的功能方面起着极为重要的作用。因此，必须向脑源源不断地提供脂肪物质，才能培育从事高度复杂功能活动的头脑。脑中所需的结构脂肪和蛋白质，在动植物细胞中常是紧密相连共生共存的，有脂质必然也有蛋白质的存在，因此，如果能大量摄取结构脂肪，就等于充分满足对蛋白的要求。

这里要引入一个新的概念——不饱和脂肪酸。所谓不饱和脂肪酸是指其分子结构结合成基因时，碳的化合价未达到饱和的意思。不饱和脂肪酸是构成脑的极为重要的营养素。因此，我们要适量多吃些植物油如花生油、豆油、芝麻油、玉米油、核桃油，而少用动物性脂肪如猪油、牛油、羊油、奶油等。

另外，脑中脂类含量较多，食物中磷脂含量充足，人就会感到精力充沛，工作和学习的效率高，耐力也持久。近年有生物学家认为，神经递质乙酰胆碱有传递生物信息的作用，可改善认识和记忆能力。而乙酰胆碱的原料是胆碱和醋酸，所以，多食卵磷脂以及蛋黄、鱼肉等食物，就可以增加脑内对乙酰胆碱的含量，久而久之，记忆力当然会大大提高。

（二）糖类是大脑必备的主要食粮

从物质结构与作用上看，糖称为碳水化合物，是重要的热量来源。当然，人体对糖并不是直接吸收的。一般从食物中摄取的糖质，在体内是先分解成葡萄糖或果糖、半乳糖，然后身体才吸收。脑是大量消耗葡萄糖的器官，自然也是头号消耗热量的器官。脑所消耗的能量达全身能量消耗总数的20%，与其所占全身重量的2%相比已多出了10倍。

科学研究表明，人脑利用能源物质的独特之处，在于它完全依赖血中葡萄糖供给能量；而身体其他器官却可以利用脂肪、氨基酸、糖等各种物质来供给能量。我们也知道，人脑对血糖浓度的变化又极为敏感，血糖降低时，脑的能量供应减少，人就会感到头昏、乏力、疲倦，严重时会发生昏迷，即低血糖休克。低血糖状态长期继续下去，脑神经细胞就会发生不可逆转的变化，即使血糖恢复到正常水平，病人也会留下行走不稳、震颤甚至痴呆等后遗症。因此，只有保证充足的葡萄糖供应，才能使大脑处于良好的工作状态。

（三）蛋白质为智力活动提供基本保障

与糖类相比，蛋白质也是脑细胞的主要成分之一，占脑干重的30%~35%，就重量而言，它仅次于脂肪物质。

脑的功能活动与蛋白质关系密切。神经元中的尼氏小体就是以高速转换的蛋白质为主要物质。蛋白质也是体内细胞膜结构的组成成分，在人的神经冲动、记忆等方面起着重要作用。相应的是，我们所说的营养对脑发育的影响主要也是指蛋白质的营养供应。食物中蛋白质含量充足，就能增强大脑皮质的兴奋和抑制功能，使脑处于良好的工作状态；但一旦缺乏蛋白质，就会导致精神涣散，不易集中，容易疲劳，在这种不良状态下，记忆力能不差吗？

另外，人体内的蛋白质由22种氨基酸组成。这些氨基酸分为“非必需氨基酸”和“必需氨基酸”两种。前者人体可以自己合成，后者人体不能合成而必须由食物摄取。必需氨基酸十分重要，它是参与人体新陈代谢的重要营养物质。例如其中的赖氨酸，可以影响婴儿和少年儿童的生长发育。无数试验表明，在食品中增加赖氨酸的婴儿比不增加赖氨酸的婴儿，5个月后体重多0.6公斤，身高多2厘米。在儿童组的对比试验中发现，吃添加赖氨酸食品比不吃添加赖氨酸食品的儿童身高多4.3厘米，体重多4.7公斤，且聪明活泼、反应敏捷。

当然，对脑功能来说，“非必需氨基酸”也不可等闲视之。例如此类氨基酸中的谷氨酸，在脑内含量是体内含量的100倍。在脑的活动中，它是需要最多的物质。临床证明，谷氨酸能消除脑代谢中产生的氨的毒害，对脑有保护作用。

这里，我们不得不强调一个生活常识。我们知道，我们日常炒菜中的味精就是谷氨酸钠。有人以为多吃味精就可以通过补充谷氨酸而达到健脑的目的。其实，这是谬误之说，因为谷氨酸钠是在谷氨酸上附着钠，而附着钠的谷氨酸进入人体后，会引起头痛、脑涨、恶心等副作用。仅把味精作为调味品而食之少许，当然无可厚非，如果误以为味精可以健脑而大量摄取，则会事与愿违，反而会损脑和影响身体健康。

（四）维生素可以促进大脑的灵活性

说起维生素，我们都知道，A、B、C、D、E……一下子可数出一大堆，但对于每种维生素的作用，我们却知之不多；而对于它们与人记忆的关系，我们了解得也就更少了。下面我们一一作具体分析：

1. 维生素B是大脑活动的得力助手

维生素B包括B1、B2、B6、烟酸、B12等，一般也称为维生素B群或B族维生素。它们作用都是能在脑内帮助蛋白质代谢。如果B族维生素摄入严重不足，就容易引起精神障碍。这种精神障碍表现为难于保持精神的安定，而头脑的功能当然也随之降低。

而在B族维生素中，B1能综合地担负起B族维生素各营养成分的功能，也是糖代谢过程中的酶的辅助因子，并可防止因食用糖类过多而出现的危害。若身体长期缺乏B1，就会影响智能活动的正常进行。另外，维生素B1缺乏还可引起多发性神经炎、急性出血性脑灰质炎等疾病，这一点我们也应提高警惕。

维生素B2在糖、脂肪和蛋白质的代谢中也起着重要的作用。体内维生素B2缺乏时，对脑力的影响同样不可小视。

烟酸是糖代谢过程中酶的辅助因子（辅酸），从而可影响大脑中能量的供应。缺乏此物，可导致皮肤、精神障碍等疾患。

而维生素B6参与蛋白质的代谢，不足时则造成皮肤受侵蚀和蛋白质的合成能力降低。另据科学研究得知，维生素B6不足可导致抑郁症。

维生素B12缺乏时可导致贫血，并可影响下肢的知觉而使步行出现障碍。

2. 维生素A、E可永葆脑的活力

维生素A是维护视力和促使视力良好所不可缺少的营养素，若体内缺乏维生素A，可使人发生夜盲症、眼球干燥症、角膜软化症，以及皮肤角化症等疾患。对这一点有医学常识的人都知道。

另外，维生素A还有促进脑及全身发育成长，使骨的发育健全的作用，这一点也越来越成为人们的共识。若连续给儿童食用缺乏维生素A的食物，则可降低孩子的智商。但是，过量摄取维生素A，会因体内积蓄过多维生素A而产生脱毛，手指、足趾的弯曲，骨膜菲薄等症状。不过话说回来，我们日常的饮食，是不会出现维生素A过剩的症状。

维生素E的重要作用是它能防止不饱和脂肪酸的过氧化，使脑和身体不致陷于酸性状态。由于脑组织含有大量易于氧化的不饱和脂肪酸，因而脑是比身体更容易受害的部位。维生素E可防止头脑和身体的活力衰减，进而起到增进健康和延年益寿的作用。

3. 维生素C可提高智力

与其他维生素相比，维生素C主要用以提高脑功能。它不直接向脑提供活动的能源，其作用是使大脑的活动机敏灵活而不致以呆滞。

维生素C在促进脑细胞结构的坚固、消除脑细胞结构的松弛与紧缩方面起着相当大的作用。维生素C不足时，易使脑细胞的结构紧缩，这样必然导致脑细胞活动能力的降低和脑功能的恶化。另外，若维生素C不足，则容易使脑的神经细管发生堵塞、变细、迟缓等症状，这势必导致大脑功能低下。若大量摄取维生素C使神经细管的通透性好转，就能使脑在活动过程中及时、顺利地补充所需的营养，从而使脑力转好。

当然，人的血液中维生素C的含量与智商之间有非常密切的因果关系。血液中维生素 C 的含量，一般随摄取含维生素 C 的食物量而定。显然，摄取富含维生素 C 食物的人，他的智商值也相应地较高。

维生素 C 的作用主要包括：一是身体制造骨、血管、皮肤等结缔组织的必需营养素；二是具有抗菌、抗病毒的作用，对感冒及其他各种传染病都有效；三是提高机体产生免疫作用的抗体的能力，加速使身体产生免疫球蛋白、补体、干扰素等。每个人每日摄取的维生素 C 量最好能有 10 克。这就提示人们必须多吃富含维生素 C 的食物，这样才能强身壮体，使脑的活力更好。

（五）矿物质为大脑的健康护航

矿物质可别小看，它同样是维持人体正常生理机能不可缺少的物质。人体内有 60 多种元素，分为宏量元素与微量元素两大类。其中，宏量元素（如碳、氢、氧、氮、钙、磷等）在所有饮食中含量丰富，人体一般并不匮乏。而微量元素（如铁、铬、硒、锰、锌、钼、碘等）则不然，不足时会影响健康或缩短寿命，过量又会出现毒性反应。

学习与工作中，常有一些人注意力不集中，他们精神涣散，学习和办事效率很低。一些儿童看起来很聪明，但要他们迅速进入脑力集中状态时则颇为费力，这样也常会影响学习效果。现在我们一起来看看，哪种营养素能使人具有良好的注意力呢？对，是钙质。

钙对身体的作用是多方面的，其中最重要的是抑制脑神经细胞的异常兴奋。当体内的钙不足时，则往往发生病态性异常兴奋。脑神经细胞内有充足的钙，则可使脑细胞正常地行使自己的职能。若体内缺乏钙，即便小的刺激，也会使人很敏感，并因此而产生严重的精神动摇。另外，钙也能使身体呈一定程度的碱性状态。正常情况时，人体呈弱碱性状态，若身体倾向于酸性状态，则会感到精神疲劳。这时，即便是再好的头脑，其能力也难于充分发挥。

因此，为了耐力持久的脑神经，就必须摄取充足的钙。就我国来说，以儿童每日摄入 0.8 克，成人每日摄入 0.6 克为宜。当然钙供给量过高，对于儿童和青少年的生长发育反而不利。

而镁也是保持良好记忆的另一重要元素，人体缺少镁时，体内卵磷脂的合成就会受到抑制而引起记忆力减退，镁离子是维持心肌正常功能和结构所必需的。缺乏镁会产生精疲力竭的感觉。

铁是红细胞中血红蛋白的重要成分，血红蛋白是运输和交换氧气的必要工具。人体缺铁可引起贫血、精神涣散、记忆力减退。

锌是多种酶的成分，与蛋白质、核糖核酸的合成有关。锌能增强记忆和智力，能使孩子的发育和食欲变得正常，有延缓老年痴呆的作用。缺锌会引起生长停滞和贫血，这对脑发育是不利的。

在人体的氧化还原体系中，铜作为一种有效的催化剂而发挥重要的作用。

我国科学工作者在广西巴马瑶族自治县，发现该县水中锰的含量明显高于其他地区。从而确认，巴马县之所以被誉为“长寿之县”与锰有关。据研究，锰缺少可加速机体也包括脑组织衰老的过程。缺锰还易致癌，引起动脉硬化，并可导致贫血和骨骼畸形而影响脑功能的正常发挥。

科学家对微量元素在身体中重要作用的认识正在不断深化。美国学者哥斯德指出，学习成绩优良的学生，他们头发中锌和铜的含量都较高，而碘、铅和镉的含量却较低。

防止微量元素缺乏的最好办法是食用完整的食品，即未经过精细加工或只经过部分加工的食品。标准粉和粗粮中都不缺乏微量元素；红糖、瘦肉、鱼、全脂牛奶中也含有足够的微量元素。因此，人们在膳食中应加以注意，不可偏食和忌口，以免使肌体缺乏微量元素，而影响记忆力危害身体健康。

七、科学饮食，是提高记忆的基本保障

人体所需营养是多种多样、丰富多彩的，各种营养必须平衡，因此我们的祖先早已提出了“平衡膳食”的概念。《黄帝内经》中就有“五谷为养，五果为助，五畜为益，五菜为充”的观点。“膳食平衡”是指膳食中所供给的营养素与机体的正常需求要保持平衡。

（一）食物的酸碱度必须平衡

我们知道，人体在正常状态下，血液为弱碱性，pH 值为 7.35 至 7.45，用以应付源源不断涌入的酸性物质，饮食中摄入过多的酸性或碱性物质，会造成酸碱平衡失调。不论是酸性过多，还是碱性过多，都会引起身体的不适。

血液酸碱度低于 7.35，则为酸中毒，患者表现出呼吸快而深，如血液酸碱度高于 7.45，则为碱中毒，呼吸常慢而浅，常有手足搐搦和抽搐。目前，很多人都在大量食用酸性食品。当血液 pH 值接近 7 时，就接近了酸性，血液酸性化就称为酸性体质。酸性体质的人常有一种特殊的疲倦感，影响头脑的正常学习。开始时有慢性症状，手脚发凉，容易感冒，皮肤脆弱，伤口不易愈合。酸性体质达严重状态时，会直接影响脑神经功能，从而引起记忆力减退，思维能力下降，神经衰弱。

那么，哪些食物属于酸性食品呢？一般我们所吃的主食米和面就是酸性食物，副食中的肉类、鱼类、贝类、虾、鸡蛋、花生、紫菜，还有啤酒、白糖都属于酸性食物。由于主食多是属酸性的，所以我们每天都在食用大量的酸性食物，我们现在要做的便是：如何吃一定的碱性食物中和酸性，使我们的头脑处于清醒活跃的状态。

那么，又有哪些食物属于碱性的呢？一般蔬菜、水果、豆类、海藻类、茶、咖啡、牛奶都属于碱性食品。如果大量吃鱼、肉、蛋，而忽视了蔬菜和水果，看起来营养水平提高了，但却形成酸性体质，反倒使大脑疲倦，记忆力下降。

再一次提到的是白糖，白糖是一种典型的酸性食品，请不要大量食用，否则会引起脑功能障碍。有些同志为了保肝而多吃白糖，造成经常头痛、肩痛，吃止痛片也不好使。血液为酸性时，脑神经细胞将受到严重阻碍。从现在起，你如果改变习惯的饮食结构，保证每天都食用一定量的碱性食物，你就会从神经疲倦中解放出来，从而恢复你正常的记忆力。要知道，呈现酸性脑时，什么奇特的记忆方法也无法改变血液中酸碱度，所以在这种情况下，你还是用科学的饮食方法来恢复大脑的功能，这样才能精力充沛地学习和记忆。

（二）不利于记忆的饮食习惯

上面讲述的是养成全面、良好的饮食习惯，下面，我们还要讲一讲如何防止错误的饮食行为：

1. 偏食影响记忆

偏食常常会使人体不能全面地摄取营养。在我们周围，有偏食习惯的人不少，他们只吃那些吃惯了的几种食物。尤其是不爱吃蔬菜的人，因为没有条件天天吃水果，所以很容易造成酸性体质，从而影响脑功能，影响记忆能力。

2. 饱食消化不好

饱食之后马上学习，效果很不好。大脑记忆信息需要血液输送养料，饭后为了消化胃里的食物，也需要大量的血液作为进行消化和吸收工作的能源。饭后一至二小时内，血液的调配与平时全然不同，大部分集中到肠胃里面。吃得越饱，通过血液供给脑的氧气也越少，思维活动也就越迟钝。在这种情况下学习，记忆力不佳，脑子就像糨糊一样。所以，吃得越饱，饭后需要停止学习的时间也就越长。

3. 零食要有选择

吃零食有利也有弊，要看吃什么，怎么吃。不分什么时间的乱吃零食，会破坏肠胃的活动规律，打破正常的食物条件反射，而且零食不断进入到肠胃里，腹部始终处于紧张状态，血液一直集中在消化器官上，大脑却是空空的，这样会影响思维与记忆。

不过，对于健脑的零食，应当鼓励吃。但要讲究时间，不要影响正餐的食欲，一般在饭后吃为宜。也不要一边学一边吃，以免分散精力。

八、解除脑细胞疲劳，记忆自然就好

我们的大脑各存在着控制“清醒”和“睡眠”的两个中枢系统，分别被称为“觉醒中枢”和“睡眠中枢”。通常是在觉醒中枢工作的时候，我们就上床就寝。最近的研究提出，在体内可合成一种睡眠物质，仅需要几亿分之一克的量就可能使人很快熟睡。

（一）睡眠之谜

睡眠在记忆过程中，远不止是一个简单而有益的“暂停”，其确切的角色，特别是梦的角色，仍然是个谜。为了对睡梦有个更清晰的认识，科学家充满激情地做了许多研究。

良好的睡眠是保持健康的关键，因为睡眠参与脑组织的重构并使大脑与外界环境分离。每个人对睡眠的需求不同，成人平均每天需要 7 个半小时的睡眠。睡眠正常是生活保健的第一步，最好在固定的时间起床和睡觉，并且早起，在晚间应禁用咖啡、茶和烟。当然，睡眠不只是简单而有益健康地暂时中止体力活动。对于人类，它扮演着极其复杂的角色，梦就是一个鲜明的证据。研究人员做了详细的调查，以明确睡眠在记忆机制中的确切作用。

1960 年，关于异相睡眠在记忆中的功能最终见了天日。这种类型的睡眠直接与梦的阶段有关。其介入了遗忘与陌生的过程，对大脑中神经元新环路的发展是必要的，而神经元新环路的产生对巩固记忆是不可或缺的。

1. 学习和睡眠质量

从动物和人身上观察到的行为提供了异相睡眠重要性的最初线索。我们让实验中的小白鼠从事一项新活动，以观察它们睡眠的变化。结果在学习新技能之后，我们发现小白鼠的异相睡眠时间变长了，通常可达 36 小时或更长。而在其他实验中，是正相睡眠时间变长。

在人类身上，情况更为复杂，因为在新的学习后，异相睡眠并不总是增加。例如，如果我们给被测者戴上棱镜，几天后他们就能够学会自我调整视觉，而他们的异相睡眠长度并不增加。研究人员也仔细观察了在考试期间学生的睡眠，结果是多样的：有时候异相睡眠增加，但有时候却没有变化。在其他情况下，只是眼球的活动在睡眠期间变得更活跃。

我们可以观察到，记忆的一个关键阶段——学习，会影响睡眠的质量，特别是对异相睡眠的影响。如果这种睡眠消失会怎样？是否会对记忆产生严重影响？

2. 异相睡眠对隐性记忆的影响

我们可以通过在适当的时候将一个人唤醒，或者通过某种抗抑郁药物来消除紧张因素，来避免进入异相睡眠阶段。一个人在几个月甚至几年内被这样实验的话，对记忆将没有任何消极影响。然而，在动物身上，我们却发现免除异相睡眠会导致记忆力减弱。

对某些事物的回忆，尤其是那些储存在显性记忆中的事物，在睡眠的第一阶段之后就变得渐渐清晰，这时正相睡眠占优势；当回忆与隐性记忆相关的信息时，尤其是睡眠的第二阶段时，异相睡眠占更大比例。因此，异相睡眠可能对隐性记忆，而非对显性记忆有影响。

3. 神经元活动与睡眠

与记忆和睡眠有关的行为观测给出了一些答案，但同时又引出了许多新的问题。研究人员必须一直探寻到神经元内部。神经元的活动支持着记忆和所有的认知功能，它们是可以被观测的，因为它们是以生物电的形式传播信息的。海马脑回是直接与记忆相关的大脑结构，所以也是被研究得最多的。

观测首先在活体动物身上进行，在不同的生活环境里，被观测动物的神经元的电活动会表现出不同的节奏和顺序。通过观测还发现，白天真实的神经活动会在夜晚的梦里“重演”。这种现象尤其出现在正相睡眠阶段，当然在异相睡眠阶段也会出现，这还与长期协同增效作用有关。

科学家们猜测，在睡眠期间神经信息通过两条路线进行传递，在觉醒和异相睡眠阶段从大脑皮质到海马脑回，在正相睡眠阶段从海马脑回返回大脑皮质。

目前研究的途径很多，都集中于对正相睡眠和异相睡眠的不同和互补的研究，但谜底还未完全解开。

（二）保证睡眠

1. 充足的睡眠

每个人都需要充足的睡眠，特别是备考的学生们。他们认为在网上跟朋友聊天到深夜两三点是很酷的事，其实不然。睡眠不充足会影响注意力的集中，降低学习能力，对健康更是有很大伤害。

有许多证据证明，睡眠对于保持大脑和身体的良好状态是重要的。这并不意味着几个晚上没睡好觉就有问题，但它确实意味着尽量保证自己有一个合理的睡眠模式将有利于自己的记忆。具有讽刺意义的是，睡得太多和睡得太少的作用是一样的。所以你必须找到正确的平衡点。

2. 缺乏睡眠的影响

你可能发现，睡得太少或睡眠质量太差会导致自己记忆中的回忆能力变差了，而且会发现自己难以摄人信息。半睡半醒状态会伤害记忆的组成和再现。对丧失睡眠的研究、镇静药的研究，以及对患有过度嗜睡症病人的研究都发现了记忆受损现象。

许多这样的研究显示，记忆受损的程度是与半睡半醒的程度相一致的。现实生活中许多健康人不断地剥夺自己适当的睡眠，其后果是疲惫、决断力差，以及不断加大的事故风险。缺乏睡眠还可能影响我们对葡萄糖的吸收。慢性失眠不但可以加速病情的发作，而且还会加重与年龄有关的诸如糖尿病、高血压、肥胖和失忆之类的疾病。

进一步的研究显示，保证孩子夜间的睡眠时间可以带来更好的表现。有些研究还显示，如果人们有一个良好的睡眠习惯，他们就能更好地学会程序性的技能（身体惯例）。如果你睡了一个好觉而不是用整个晚上做准备，你会记得更多的东西，并且在考试中或大型会议上有更上乘的表现。

一个良好的睡眠方式让我们的生活和自己的身体节奏更加息息相关。我们的生物钟包含了对诸如光亮和黑暗的循环做出反应的、本来就存在于我们身体之中的节奏。这就是我们往往发现更容易在明亮的夏日早晨起床，而在冬日傍晚天早早地变黑时感到更加疲劳的原因。虽然由于我们都有不同的、而且常常是不规范的生活方式，难以保持一个好的节奏，但是，如果我们遵守每天定时睡觉和起床的固定模式，那么，要有效地履行这个固定模式还是相对比较容易的。

3. 睡好觉的小窍门

如果你的睡眠有问题，试试照这10条简单的规则去做，你的睡眠状况会得到很大的改善。然而，请记住，这些只是小窍门而已，我们每个人都有最适合自己的方式。

（1）养成一个好习惯。每天定时上床和起床。知道什么是自己最佳的睡眠程度——也许是 6 小时、8 小时，或者 10 小时——我们每个人都不一样。

（2）如果你想要建立一个好习惯，就不要受其他影响睡眠的事物的诱惑——例如电脑游戏，坚持几天以后，你就会在固定的时间感到疲倦。

（3）避免在晚上喝含有咖啡因的饮料。大多数人知道咖啡里含有大量的咖啡因，但人们通常不太清楚茶和软性饮料中也含有咖啡因。

（4）不要饮酒过量。酒精是镇静剂，除了能让你处于一种思维缓慢的状态外，它还会破坏睡眠周期。

（5）做好自己白天的计划，以便你能在上午或下午处理比较费劲和复杂的任务，然后在晚上做些放松的活动。

（6）要知道看电视或看书可能会刺激过度，因而可能导致辗转难眠。

（7）如果有东西在你的脑海里转个不停，就在上床之前将它们写下来。

（8）避免在大白天睡长觉。

（9）如果你 15 ~ 30 分钟后还没有睡着，就起来做些放松的事情直到自己感到疲倦为止。原因是不想让你的身体受到某种不良的暗示：床是让你无休无止地深思并感到焦虑不安的地方。

（10）卧室不是厨房或者客厅，不要在里面吃东西、看电视，或看书。这是卧室——让你的身体将它与象征卧室的东西联系起来。

第三章

抓住必备条件，实现超级记忆就这么简单

要想拥有超级记忆力，如何才能实现呢？许多人在困惑，许多人在期盼。在这里，记忆的基本原则将给你一盏照亮你迷茫心海的明灯，同时它们也是人类打开记忆之门的钥匙，所以对提高记忆非常重要。

一、敏锐的观察力，永远是提高记忆的先导

观察能力是大脑多种智力活动的一个基础能力，它是记忆和思维的基础，对于记忆有着决定性的意义。因为记忆的第一阶段必须要有感性认识。而只有强烈的印象才能加深这种感性认识。对于同一幅景物，婴儿的眼和成年人的眼看来都是一样的；一个普通人及一个专家眼中所视的客体也是一样的，但引起的感觉却是大相径庭的。因此，在观察时，一定要在脑海中打上一个烙印，这种烙印包含着对事物的理解和想象，而不是一个只有光与形的几何体。

达尔文曾对自己做过这样的评论："我既没有突出的理解力，也没有过人的机智。只是在觉察那些稍纵即逝的事物并对其进行精细观察的能力上，我可能在众人之上。"

不管记忆最终会产生什么效果，前提是一定要进行仔细的观察，只有这样做才能在脑海中形成深刻的印象。

（一）你的观察力敏锐吗

交通指示灯顶端的那盏灯是什么颜色？红的？还是绿的？你首先会这样想，这是一个很容易回答的问题。然而，如果你是在参加报酬优厚的知识竞赛，处在这种情况下，你必须正确地回答这一问题——为了赢得头奖，好吧，请回答指示灯顶端的那盏灯是红的还是绿的。

如果你能想象自己是处于这样一种情况，现在也许会犹豫不定了。因为究竟是哪一盏灯在最上边，你也不十分肯定，对吗？如果你非常有把握的话，那么你就属于那些能够"观察事物"的少数佼佼者之一，然而，大

多数人不过是能够“看到事物”而已。事实证明，“看到”与“观察”具有天壤之别。当我们就刚才那个问题向大多数人提问时，他们或是答错或是不敢肯定。尽管他们每天都会多次看见交通灯，也会出现这样的情况！

顺便提一下，红灯总是在交通灯的上边，绿灯在下边。如果还有第三种颜色的灯的话，它通常是黄色的，处于红、绿灯之间，起警告作用，如果你敢肯定交通灯顶端的灯是红的，那么你再仔细观察另一个事物，看能否给你得意的心情泼瓢冷水。

不要看你的手表，请回答这个问题——你手表刻度盘上6这个数字是阿拉伯数字的6或是罗马数字的Ⅵ呢？考虑片刻后再看你的手表。对你的回答做出决断，就如回答正确与否一样重要。你现在又处在答问节目比赛之中了，能否收到一大笔钱全在此一举。好，你选定答案了吗？现在看你的手表刻度，答对了吗？或者是否因为你的表根本没有6这个数字，因此你的两种回答都错了？大多数手表那个位置通常表示秒的刻度。

你答对了这个问题吗？无论对与否，你都得查看一下你的手表。现在你能讲出你手表的确切时间吗？也许不能。在一秒钟前你才看了表的！这只是说你再看了一次，但是你并没有仔细观察。

（二）记忆如同银行的存款

记忆如同银行的存款，如果没有存款无论怎样努力也取不出现金。也就是说，经历的事情必须留在记忆中。为此，必须把经历的事情储存起来，识记留下印象。这样，你在必要时就能从存折中记载的金额内，由银行取出现金。“铭刻识记”有两种：一种是下决心去记的“有意识记”；另一种是无需特殊记忆也会自然产生印象的“无意识记”。这里探讨的是下决心去记的“有意识记”。

如果把记忆看成是银行存款，那么，识记等于留下的痕迹，也就相当于存款。为此，重要的是首先要认真观察。观察不仔细，留下的印象就不深，无法向记忆这个“存折”上存入任何东西。实际上，即使一百个人观察同一事物，由于观察的角度不同、关心的内容不同、各人接受的方法不同，因此，识记的方法肯定大不相同。每个人都有各自的看法，没有任何一个人与别人的看法完全相同。每个人都各有不同的兴趣、爱好和态度，所以观察方法各不相同。结果对于同一事物、同一情况，随观察者不同，甚至细节也各异。由于每个人都以各自不同的方法观察，所以即使观察同一事物而所记忆的内容也互不相同。

（三）心理学家的观察也各自不同

对于观察不准确程度与记忆的关系，有一个最有名的引人注目的试验，称为“戈廷根实验”。在沃尔特·李普曼写的《世论》这本书中对这个实验作了介绍。他把一个扮演的罪犯给一个心理学家小组看，然后要求他们报告观察情况。然而，就连专门从事客观调查和客观观察的心理学家们所写的报告也各不相同。

“在心理学家开会的高潮中，突然门被打开，一个农民跑了进来，随后一个握着手枪的黑人追了进来，二人在房中扭打在一起。农民倒下了，黑人压在他身上开了枪。然后，二人冲出房间。”整个过程约 20 秒钟。当然，整个过程组织严密，预先拍好照片。会议主持人当即要求各位学者写出详细的报告。结果如何呢？请看：

提交会议主持人的 40 份报告书，其中，关于主要事实上，错误在 20% 以下的只 1 篇；10 篇完全错误。根据想象臆造的报告竟有 10 篇之多。40 篇报告中仅有 6 篇准确地论述了整个过程。换句话说，即使受过严格训练的观察家，也不能把看到的情况原原本本地报告出来，而报告了一些似乎是看到的或者想象的内容。他们当时毫无记忆的意图，而是吃惊、痴呆和兴奋地看着事件的发生，不知不觉地就把事实按照自己的偏见重新描绘出来。在很多犯罪案件中，当场的目击者的证言总是各不相同，这一点通过这个“戈廷根实验”，可以得到完全解释。

（四）记忆的根本是细心观察

为加深印象，就要经常带着记忆的意图进行观察。如果有记忆的意图就能仔细深入观察，任何事物都可以记住。观察不周到或观察不准确的事物，当然不可能完全、准确记住。例如：若问美国的白宫是几层楼的建筑物，恐怕即使看过照片的人或去过的人也不一定能回答出来。这是因为对一般人来说，没有去数究竟是几层楼的必要。为了得到明确的印象，必须准确地观察事物的本质。

1. 为什么作家的观察力很敏锐

我们已经知道，想产生印象就要有记忆的意图，仔细地观察比什么都重要。有时并不特别想记忆，但很自然产生了印象，这种无意识记忆有时会出现。如：在眼前刚刚发生的交通事故，或2001年9月11日恐怖分子驾机撞击美国世贸大厦时的情景就属于这种现象，但这类事情并不很多。仅仅吃惊地望一下眼前发生的事，多半是记不住的。例如：有人问："两星期前的星期三下午14点，你在什么地方?"如果那天没有特殊的情况，那么你肯定不能立刻想起来。你要想获得印象，就要去观察。否则无论接触多少单词，至多也只能记住几分之一。因此现在提出"观察"这个问题。例如：初次见面的人，先记住以下顺序，然后进行观察。

（1）认真询问对方姓名；

（2）记住面貌特征；

（3）鼻子是平的，还是高高的；

（4）是单眼皮，还是双眼皮；

（5）他的姓名能否使你回想起别人的姓名或别的事物。

观察时先决定好这些顺序和条件，并以此反复进行观察，极为重要。

最初也许会感到烦琐很难做到，但在反复多次的体验中，就会掌握这些。作家即使同其他人一样观察景色，观察事物，但事后他能把当时的情况准确地记住，确实与这些有关。作家在事后准备回忆当时的情况时，经常会碰到"那么，那个山的颜色是什么样的？树是什么树？同路人穿着什么衣服？那时最先开口说话的是谁"？这类问题，因此，在训练动笔写作中，作家很自然地就决定了观察的顺序和条件。即使是无意识，他也会以对记忆最有利的观察顺序与条件仔细观察景色、人物、事件。

2. 观察是记忆的技巧

记忆的意图强有助于观察的集中。假若你无论如何也要记住某事，那么你必须对它观察。我们一般人对于现时所做的事不大十分注意。英国大教育家詹姆斯说过：“一般人只将智能的微不足道的一部分用于观察。”“每个人都在各自能力范围内生活”，并且“还有日常用不上的各种的能力”。这些话，特别适合于观察人物。对于观察每天发生的事情，我们仅仅使用实际能力的十分之一。约翰逊·塞缪尔说过：“真正的记忆技巧就是观察事物的技巧。”这句话作为记忆的规律，永远适用。

我们通常见到、听到、感受到的东西几乎事后全部遗忘，可以说是由于我们对这些东西没有给予充分的观察。充分观察了的事物，无需特别去记忆也会很轻松愉快地记住。因此，无论什么事，如果你想记住它，就要集中全部注意力去观察。

二、高度的注意力能保持记忆的持续性

人在注意某一事物时，大脑皮质就会在相应部位上产生一个优势兴奋中心，所有的神经细胞都要为它“服务”。这种“全力以赴”的结果，使留下的痕迹明显；相反的，如果大脑皮质同时有两个以上的兴奋中心，就必然出现注意力分散的现象，这时对事物的理解和记忆就会受到干扰，破坏大脑的记忆规律，记忆效果肯定不好。

（一）注意力不够

古编辑住的公寓楼中来一位新住户——商学良女士。一天，商女士在邮筒处遇到了古编辑，并向他介绍了自己。古编辑就喊她的名字向她问候并开始友好地交谈。几分钟后，另外一位住户加入他们的谈话时，古编辑却发现他已经想不起来商女士的名字了。

拉拉买了几张昂贵的音乐会门票，并提醒自己到家时把它们从钱包里拿出来，然后放在一个特殊的地方，这样以后她就能很容易找到它们。第二天早上，当她坐在她的车里准备上班时，她想起来她没有把票妥善放好，她在钱包里也没有找到票。她回到她的公寓，发现它们在厨房的桌子上。发现票没有丢，她松了一口气，但是她不明白为什么她记不起来她曾

把它们放在了这张桌子上。

这两个事例说明的都是编译时注意力方面的问题。古编辑听到并说出了商女士的名字，但并没有将这些信息转变为能够回忆起来的长期记忆。拉拉心不在焉地将票从钱包中取出来放在桌子上，她没有对她所做的事情给予足够的关注。

对一些细节给予足够的关注能避免遗忘。问问你自己："对我来说什么时候专注是真正重要的？"在这些时候，将功夫放在你对事情的了解上或手边的信息上。

（二）注意力具有指向性

高度的注意力可以使心理活动指向那些有意义的、符合需要的、与当前活动相一致的各种刺激，同时避开或抑制那些无意义的、附加的、与当前活动相干扰的各种刺激。全神贯注，能使学习者、思考者尽量完全地沉浸在"目标场"中，这样可以有效地排除干扰，避免"思维"浪费，尽早实现突破性的结果。同时，全神贯注的过程，也是最大范围、最深化地调动思维能量的过程。

在这样的过程中，人头脑中各种知识、能力的储存和潜在作用会充分得以发挥，从而帮助记忆。从心理学的角度来说，记忆分无意识记忆与有意识记忆两种，对于系统的知识，特别是系统的科学知识，绝不是单凭"无意识记忆"就能掌握的。在事前有明确的目的，并在进行中做出积极的努力，才是"有意识记忆"。也就是说，集中注意力、自觉地阅读两遍课文，比漫不经心地读十遍课文要记得多。

（三）分散注意力的事物

另一个在注意力方面有可能发生的问题就是有分散注意力事物的存在。因为可以保存在你工作记忆中的信息量是非常有限的，任何声音、景象或想法都可能会分散你的注意力，并替代当前存在于你工作记忆中的信息。你一定曾经有过一个或多个下面的这些经历。

你进入厨房想去取剪刀，却忘记了你去干什么。或许，在你去的路上，你在想着信件是否到了。这一个新想法代替了你从厨房拿剪刀的想法。

由于你始终想着要在药店关门之前拿到你的药方，因此，你或许就会将你的伞忘在医生的办公室里。

你正和一位朋友驱车去电影院。他的谈话将你的注意力从注意你们所在的确切位置引开，你忘记了进入左转道，发现时已经太迟了。

不要认为你对这些受挫经历无计可施，尽量认识到工作记忆的局限性，并在可能的时候排除分散注意力的事物。把你的注意力完全集中在可能会发生危险的情况（如开车、做饭和吃药）上尤为重要。例如，当你在一个不熟悉的地方开车，你或许就想让你的乘客在到达之前不要说话。

（四）提高注意力的途径

当外界的大量信息通过感知进入大脑之后，大脑还要对它们进行编码储存，如果这个阶段不能对信息继续注意，它很快就会消失。注意力贯穿整个记忆过程，对感知、记忆、思维、想象等心理活动起着积极的组织和维持作用，它使客观事物在我们的头脑中反映得更加清晰、完整，记忆得更加扎实、深刻。那么，我们平时如何提高自己的注意力呢？有以下几种途径。

1. 将被注意的对象放在有奖竞答的活动中

将学记内容纳入到有组织的有奖竞答的实践活动中，能引起参加者对学记内容的充分注意，并在活动中记得更牢固。

2. 在不感到疲劳的状态下保持注意力

在不感到疲劳的状态下保持注意力，可以提高学记效率。心理学实验表明，不同年龄段的人集中注意力的时间长短不一。

（1）实验结果表明，在通常情况下，保持高度注意力的时间在 12 岁以前不超过 30 分钟（如对识记材料发生浓厚兴趣，时间还可大大延长）。

7 ~ 10 岁，保持高度注意力的时间为 20 分钟；

10 ~ 12 岁，保持高度注意力的时间为 25 分钟；

12 岁以上，保持高度注意力的时间为 30 分钟。

(2) 实验结果让人获悉，有意注意的有限时间波动于10～15分钟。过了这段时间，注意力就难以集中了。

(3) 持续保持有意注意的时间随着年龄的增长而有所增加。

3. 经常进行集中注意力的训练

(1) 经常进行音乐听写

如果你能经常进行音乐听写——先集中注意力听音乐，而后写出曲谱，日后一旦需要你把听到的音乐写下来的时候，你就会比从未进行过这种训练的人写得又快又准，因为你对音乐的注意力在不知不觉间已经提高到了一个新的水平。

(2) 经常留意书中的错别字

如果你能经常留意期刊等课外读物中的错别字，你对书中错别字的注意力也就提高上去了。一旦需要你校稿时，你就能集中注意力像报纸校阅员那样很轻松地完成校阅任务。

(3) 经常进行寻找重点的阅读

如果经常进行寻找重点的阅读，你就会在阅读新书时轻而易举地注意到重点。相反，如果从不进行将注意力放在重点上的阅读训练，在阅读你从未阅读过的书时，就很难将注意力放到重点上。

4. 扩大背景知识

经验表明，要想让小学生集中注意力去学记大学课程或其他专业课程是不可能的。因为他们缺乏这方面的背景知识，对相关内容看不懂也消化不了，自然就失去了兴趣，难以将记忆力集中起来。

要想集中注意力去学记深奥难懂的陌生知识，就得在学记前扩大有关这方面的背景知识，如预先学记通俗易懂的入门知识，在脑贮信息扩增到可以接受深奥难懂的内容后，再去学记它，就容易将注意力集中起来了。

5. 排除影响注意力集中的干扰因素

(1) 影响注意力集中的因素

①使人分心的杂念

杂念就是与学习、工作无关的一类想法，有些人虽然学习的时间没有减少，但是学记的效果却很差。所以，若想集中注意力，必须及时剔除使人分心的杂念。

②劣习

睡眠不足、嗜酒、嗜烟、懒惰都是不好的习惯，难以使人在学记过程中集中注意力。

为了证实睡眠不足能够影响注意力集中，一位生物学家借助助手的帮助坚持240个小时不睡，结果脾气变得非常暴躁，连他的助手都不敢冒犯他，注意力当然也就很难集中。

③饮食调控失度

在饥渴状态中听老师讲课、在生病（如头痛发烧、腹泻等）时听讲、课前喝水太多导致课中不时地外出小便等都会影响注意力的集中。

④不速之客来访

在学习过程中，不速之客的来访很容易打断学习者的思路，使原本高度集中的注意力分散。

⑤影响注意力集中的药物

使人有嗜睡反应的药物、导泻药、驱虫药、使大脑反应迟钝的药物等都会导致注意力无法集中。

⑥干扰注意力集中的环境

什么样的环境会干扰注意力的集中呢？主要有：超过25分贝的噪声、太强或太弱的光线、太冷或太热的温度、易使注意力转移的杂物、绝对无声的环境。

有人认为最能够让人集中注意力的环境当属于绝对无声甚至是与外界完全隔绝的环境，其实不然。很多事实证明，与外界完全隔绝的环境并不能使人集中注意力。

有人在伦敦修建了一座与外界完全隔离的图书馆。很快就发现，人们在这里读书很困难，注意力常常转移，很容易感到疲倦。人们需要有轻微的声响，因为神经系统受不了绝对的寂静。

（2）自我训练排除干扰

排除影响注意力集中的干扰因素，可以有意识地进行一些抗干扰的自我训练。

还有人采取自我奖励举措，变干扰因素为刺激因素，使注意力由分散趋于集中。当需要记忆，脑子里却浮现出看电视、洗澡、喝茶等欲望的时候，可以把这些欲望作为到达某一记忆目标之后的奖品，这样一来，足以妨碍记忆的欲望，反而成为不进行记忆就得不到的奖品，因而成为刺激记忆的最佳诱导剂。

如记一段课文，可以喝热茶并休息15分钟；要是记忆两段课文，就可以洗个澡；要是完成了对三段课文的记忆，就可以去看一场喜欢的电影。像这样，把自己的欲望由小到大逐次排列起来，并把最先的欲望放到最后去满足，表面上看起来，像是一种哄骗小孩子的把戏，但实际上却有着促进记忆的效果。

在一般情况下，只要目的明确，有顽强的毅力和稳定的情绪，采取适当的训练就会使分散的注意力集中到学记的内容上去。

三、兴趣是提升记忆的基础

爱因斯坦说过，兴趣是最好的老师。人们对于自己感兴趣的东西，通常记忆得又快又牢。有了兴趣的引导，记忆活动才能更加灵活、更加有趣。所以，要先将兴趣唤醒，然后再去记忆，寓学于乐，自然愉快、轻松、省力。

（一）兴趣高低之于记忆

有位心理学家请十名受试者讲述各自经历过的百件事，统计结果是愉快的事超过半数，占55%，不愉快的事占33%，其余占12%。

教学实践也表明，要提高学生的英语听写能力和理解能力，多看英语电影是一个好办法，因为借助有趣的情节，学生能加深记忆。

一位心理学家的实验结果表明，4～7岁的孩童在回忆有意义的单词的平均数量上，几乎超过无意义单词的10倍。可见让无意义的枯燥乏味的记忆对象有意义或有趣起来，对于强化记忆非常重要。

（二）处世态度影响你的记忆力

为了接近，甚至达到这种理想境界，必须在一段可观的时间内做一些练习。而且，这仍不够，还必须养成正确的处世态度和日常生活方式。

就日常处世态度和方式而言，大体上可分为三类人：

第一类人，他们对发生的事漠不关心，对自己周围的事不闻不问，对任何事物都不感兴趣。

第二类人，属于福尔摩斯式的人物。当他们对某一方面的事物发生兴趣时，便深入了解，不厌其详。他们对这方面的事物表现出敏锐的洞察力……但对其他的一切事物，却一无所知。

第三类人，他们始终无所不知，能谈出某演员的新电影，哼几句某歌星的新歌曲，能介绍最新流行的电脑游戏等等。他们似乎比谁都忙，其实他们只不过是充满生活情趣，性格更开放，更活泼。

为了获得超级记忆力，就要做第三类人。因为，为了有好记忆力，就要很好地感知事物，感知就是耳闻目睹，兴趣广泛，想一想看到和听到的一切，作一番联想，不要像个稻草人，被动地让周围事物牵着鼻子走，要积极地对待周围的一切。要像古希腊神话中的怪人一样，脑袋四周长满眼睛，时刻以贪婪的目光，既看到脑后的，也看到前面的事物。

有人会问："如果我天性并非这种人呢？"回答是：如果你要获得超级记忆力，就必须下决心改变习性！人不是木头做的，只要发扬运动员那样的拼搏精神，锻炼自己的肌肉和关节，就能培养好的生活方式，改造自己的个性。

为此，必须替自己定几条行动口号，并天天尽可能多地想到它们。这并非把自己置身于地狱，因为，人人知道，这种锻炼不必历时太久，只要一周接一周地坚持下去。人们将发现进步匪浅。进步使人愉快，愉快是最美好的礼品。

我们的记忆不像自己想象的那样差。即使是第一次听到的单词，如love（爱）、hungrv（饥饿）听一遍就能记住。复杂的同类数字，自己偏爱的棒球选手的击球率是几分之几，都记得一清二楚。再如会议是几点钟开始等日常事务如不记在笔记本上很容易忘记，可是和恋人约会去看电影的日期、时间、地点等，哪怕不记在笔记本上也能记得清清楚楚。

有位商人说：“我就是记不住别人的姓名和面貌。”但另一个方面，他却能很快说出多数的股票价格，或从头到尾地说出很长很长的电影情节，使你大为吃惊。这是什么原因呢？有些事能记住，有些事则记不住，这又是什么原因呢？

自己剖析一下自己，再思考一下为什么有些事比另一些事记忆得牢，这是兴趣使然。这是另一条规律，即：感兴趣的事物比不感兴趣的事物记得牢。

（三）培养兴趣的途径

记忆生理学的研究发现，当一个人对所要记忆的信息产生浓厚兴趣的时候，会在大脑皮层中形成兴奋优势中心。这时，脑神经就会处于一种积极的工作状态，记忆最积极、最有效、最持久，不但不会感到记忆是一种负担，反而会进入一种自然陶醉和享乐的状态中。唤起生活、学习、改造、创业的兴趣，将使我们迈向成功的步伐不断加大，离成功的目标越来越近。

1. 选择易懂的内容阅读培养兴趣

感兴趣的事物能记住，而不感兴趣的事物却会忘掉。对于一件事物越感兴趣就越容易记忆。例如：学习外语时，选择内容有趣的课本和选择内容陈旧的评论或复杂的哲学原理的课本，学习效果大不相同。这已成为外语教学中的一个重大问题。读几本简易的有趣的英语书，比读一本难理解的英语书所记住的单词要多。这一点已经得到证明。根据这一项研究证明：学一万个单词，正常人谁都能记住一千八百个。很早有人说，为了熟练使用外语，去看有趣的电影，效果最好。实际上，懂一点英语的人，无论是谁，在电影开始后不久，故事情节刚刚展开时，出现在银幕上的翻译字幕和演员的对白同时映人眼睛和耳朵时，似乎觉得演员的话全懂了。

事实证明，感兴趣的事物能够记住的还有一些。例如：在《哈姆莱特》电视剧中，哈姆莱特遇到他父亲的幽灵后所说的一段台词译成汉语是“应该生，还应该死，这是个问题。”也许你记英语“To be or not to be, that is the auestion!” 比记汉语效果还好。此外，有的女学生记不住英语文学史中的作品名称或作家姓名，可是却能十分准确地记住英语的 Old Black Joe（老黑琼）或 You are my sunshine（你是我的太阳）这首歌词。

旅行中的人们，因兴趣不一致，记忆效果大不一样。下面的故事就是很好的例证：

有两个人休假结束由山上回来，一位朋友问他们二人山上怎样？其中一个人详细地描述了山上的美丽风景，另一个人则热衷于大谈吃吃喝喝。就是说，第一个人对风景感兴趣，第二个人对吃喝感兴趣。两个人都对自己感兴趣的东西记忆得特别清楚。

2. 培养全新的爱好与倾向

每个人在感知周围世界的方式上，都有自己的爱好。某些人喜欢目睹，特别注意形象；其他人喜欢耳闻，便看重声音，对其感受也最深；还有些人喜欢交谈，对于装饰和氛围视而不见，但对交谈和书写却特别感兴趣。当然，人们的记忆库屈从于爱好。人们儿时的记忆可能主要由连续的形象构成，或者更多是由父母的教诲构成。显而易见的是，人们的联想却是自发地按照各自的爱好形成的。例如，对湖南长沙的岳麓山这座全国闻名的名山的记忆，其联想可能是由山脚下的岳麓书院引发出来的，也可能是由山脚下的千年学府湖南大学引发出来的……每个人按照自己的爱好引发联想。

在大多数情况下，人们偏重使用一种有倾向性的观察来记忆周围世界，而对此并不自觉。为了尽可能有效地发挥联想功能，应当认识自我，发挥自己的优点。

第一个行动口号是：要保持精神上的灵活性！这就是说，不要墨守成规，不要把自己的思想禁锢起来。

中老年人特别要警惕思想僵化，尤其是年龄在继续增长，更要注意这一点。因为人到中年，性格已经形成。他们与年轻人不同，如果动之以理和爱，年轻人完全可以被说服，而中老年人已经懂得爱什么和不爱什么。当然，这是个性突出的良好标志，但这也促使他们越来越爱说：“我对此不感兴趣”、“这与我无关”。天长日久，他们甚至除了自己习惯的事物外，不再试图了解其他事物。由于按习惯办事，他们终于发展到视而不见和食而不知其味的地步。

例如，有一位外国顾客，总是按习惯到某餐馆吃饭，他进门后总是说："来一瓶博若莱葡萄酒！"有一天，餐馆服务员拿错了酒，打开了一瓶梅多克葡萄酒。服务员本来以为顾客会发火，因为他是行家，触唇便知，准备为他换一瓶博若莱葡萄酒。但是，什么事也没发生，顾客照饮不误，根本没发现这一失误。他虽然是饮酒行家，却未喝出两种酒的不同味道，也无兴趣看看酒瓶。实际上，两种酒牌子不同，酒瓶的形状也不同。

中老年人应该注意克服以下想法："我知道我追求的是什么。我会安排一切来得到我之所求。因此，我对其他事物没必要再感兴趣。"然而，人生的法则是，应对尽可能多的事物感兴趣，以便有尽可能多的新发现。

人应不应该有爱好？当然应该有！但不要忘了，爱好只是一种偏爱，偏爱并无排他性。为什么不时常尝试爱好新鲜事物呢？人们爱大海，这很好！但农村也很美，那里有森林、河流、高山、崎岖小路、壮观的瀑布……这一切，也同样会引起你的兴趣。

3. 培养广泛的个人兴趣

如果人们要通过听、看、读等渠道感知某一事物，以便记在脑子里，无论何种事物，都必须通过联想，把这一事物连接在与个人有关的其他某件事物上。有时候这是轻而易举的，如人们要学习的领域在总体上颇感兴趣，但对其中某些具体方面却往往感到讨厌。如一位学生可能有兴趣学习英文，但在学习初期，往往觉得背生字枯燥无味，很难记住。怎么办呢？这就必须找到一种方法，把这些生字与自己关心和感兴趣的事物联系起来。这也是一种联想法。例如，把英文的 check（检查）与英文的 cheque（支票）联系起来，因为这两个字的发音相同，尤其因为这位学习英文的人，最近在被查账时，发现所填的支票有误。

联想法甚至也可以使枯燥的数字变得有趣。例如，有人要记住 50873 这个数字。他面对这个数字浮想联翩："50？这是我祖母家的门牌号；87？我妻子的祖母今年87 岁；3？我家3 口人。"就这样，他把这枯燥的数字与自己的家庭联系起来了。

4. 时刻保持一颗好奇心

人在结束青少年后，广泛的好奇心随之减弱，而且令人吃惊的是，看来中老年人难以返老还童，再难表现出他们童年时代那种想知道一切的心理活动。

其实，对一个信息感兴趣，确实要付出小小的努力；而去打听一个信息，则要付出更大的努力。于是，所有的中老年人无意之中都多少表现出一种倾向，只付出最少的努力以获得最多信息。随着这种倾向的发展，他们求知欲望的天性便逐渐淡漠。当然，大部分中老年人通过一个或几个新闻渠道得到日常信息。但是，这种信息的自动得来就变成习惯，使他们在不知不觉中，不再注意这些信息。

某些职业上的需要迫使很多中老年人研究文件，了解新事物。但这是工作，他们只在工作时才想到这些；而当他们不再工作时，这些信息便与他们的真正生活失去联系。在很多企业中，存在着工资相同而业务有别的两类职务，一种照章办事，另一种则需有开创精神，研究很多新事物才能完成。当人们在两者之间选择时，大部分人选择第一种。人们埋怨老一套的工作……但无论如何，老一套的工作更让人省心一些。

此外，在西方一些国家如比利时，一般人对个人好奇心另有看法：在所谓说话得体的问题上，人们接受其邻居英国人的那种维多利亚偏见。他们坚持认为，见面问人有无兄弟姊妹的做法，是最失礼的。人们不应让别人知道自己的事，也不应打听别人的事。人们教育儿童要抑制其好奇天性。五六岁的孩子还可能问大人："你有个小女儿吗?"但从十二三岁起，孩子们就应压制这种好奇心。

然而，这种好奇心，只不过反映了一个人对其他人的兴趣，一种彼此沟通的需要，可能是人的一种特权。看来，动物只在保存种族方面互相沟通。诚然，表达这样一种好奇心，必须讲究策略。但是，一旦一个人对其他人感兴趣时，便会发现他们是多么丰富！人们不会忘记，一个人的头脑越丰富。其记忆力工作得越容易、越有效。

个人好奇心往往被视作一种坏作风，暂且撇开这点不说，中老年人在对事物表现好奇心时，还有一种心理障碍，因为他们有一种印象——好奇心会自贬身份。一个伟人应当博学，不需要好奇。人们把好奇贬为言行幼稚、不成熟或无知……这种观点反而是愚昧无知的表现。我们应当知道，学者的学识越多，他们的好奇心越强，他们对一切都具有好奇心。

好奇心是求知欲。愿望和动机使人生气勃勃，使神经细胞充满活力。这就是记忆工作最有利的状态。

5. 做一个警觉的“猎人”

最后一个口号——做一个警觉的猎人——是对其他一切口号的概括。这个口号的意思是，要排除一切墨守成规的观念的诱惑，要挣脱一切思想束缚，要像人们爱说的那样，“排除一切僵化思想”！贪图日常安逸和享受是可怕的，这会使人变得鼠目寸光，死气沉沉。比如，20 岁的人，就想吹牛骗人，变得麻木不仁，装出一副玩世不恭的神气；30、40 岁的人就扬言无暇关心工作以外的事，一旦停止工作，就想“坐享清福”；50 的人，就无动于衷，自暴自弃。

这番描述有点夸张、讽刺，但现实事例却比比皆是。人们如果不提高警惕，从 20 岁起，淡漠心态就会影响大脑机制。

必须克服思想上的惰性，惰性妨碍思维。实际上，如果人们满足于现状，就不会创新进取。不要以想当然态度处世，对任何事物都要始终坚持问个“为什么?”，甚至对于显而易见的事也要如此。

最后，必须有勇气克服走捷径和不动脑筋的作风，不要按别人预定的行动指南办事，不要购买东西时事先写好购物单子等。担心忘记吗? 恰恰为此而要迫使自己加强记忆力。

四、有强烈的动机，就一定能提升记忆

不知你尝试过没有，主动的下意识动力促使远比被动的无意识记忆更为有效。生活中，每时每刻，当你有意识地做着某些事情的时候，你总是被某种理由、某种需要，抑或是某种愿望所驱使着，换言之，它是一种催促你行动的动力。而这种动力，心理学上称为动机。

（一）动机到底是什么

就好像我们不能具体形容幸福感的具体模样，我们也同样难以描绘出“动机”的清晰画面，因而也就很难确切判断动机在记忆系统中占有怎样重要的地位。为了便于说明，我们不妨具体一点来比方，就像驾驶的汽车，如果没有燃料，就没有了动力，当然也就哪儿也去不了。动机，就是我们日常行为的燃料，是我们前进的动力。怎么样，这样形容还恰当吧。

另外，动机也有自己的类型，它有两种，一种是可学的，一种是不可学的。或者说，一种是生来俱有的，一种是后天培养的。

不可学的动机，实际讲的就是人的本能需要，它总是不断地驱使你的日常行为。这些动机来无踪，去无影，但却无时不在，无时不在发挥自己的功能，例如，睡眠的愿望，饥渴的感觉，性欲的冲动等，都可归结为人的本能需要。

至于可学的动机，则是我们关注的焦点。它有着多种多样的形式，所有你所感兴趣的事物都会激发你的冲动。这一点上，一般动物尽管也有睡眠感觉之类的不可学动机，而人和动物不同，人除去本能需要之外，还有多种追求，例如好胜心、虚荣心、自尊心以及道德感等。简而言之，不可学的动机，我们称之为本能动机；至于可学的动机，我们称之为社会动机。这两种动机，无时不在支配着你的行动。当然，具体到每个人，不同的场合，动机又往往很不相同。下面，我们来看看这样几个例子：

比如挣钱，这是目前最具有吸引力的动机了；有了钱，就可以满足其他许多需要；另有安全的需要，这也是促使人类前进的动力；至于追求个人的价值实现，在今天变得比以往任何时候都更加强烈了。

再比如，为了寻求家庭的温暖，你要去寻觅生活的伴侣。你明明知道，成家之后，许多麻烦事会接踵而来，但你还是毫不犹豫地把自己卷进这个变化中。这当然是生活的需要。

另外，可能你最近在学习打桥牌、玩扑克、学跳舞，看起来纯属个人无意识的嗜好，其实不然。这些嗜好在某种程度上反映着你的学习动机，因为在这个时期这些娱乐活动很可能是很盛行，因而你去学自然是理所当然的了。

可能你是个足球迷。为了满足你的兴趣，你会四处收集有关这项风靡全球运动的各类知识。

可能你又是个交响乐的爱好者。这种兴趣迫使你不仅去听，而且还想要了解有关的乐理知识。

总而言之，不管你做什么，只要有强烈的动机，就一定能做好。

（二）记忆动机与提高记忆成正比

这是一条颠扑不破的真理！为了进一步说明问题，请看一个十分有趣的实验。

找来一个黑猩猩，先饿上它一段时间，然后再把它关在一间空房子里。房子里放着一台自动售货机，只需在钱孔中投进一些硬币，食物就会自动倾倒出来。起初，黑猩猩还不大注意这个神秘装置。后来，它实在是饥渴难忍了，就四处寻求食物，开始注意这个自动售货机了。无意当中，它把一枚硬币丢进孔中，竟启动了机器，意外地获得了食物。

一而再，再而三的实践，这个黑猩猩居然记住了获取食物的技巧。设想一下，要不是这种饥饿的本能动机，它大概是不会记住这种技巧的。

还可以用这个猩猩做个实验。这次，准备两种颜色的硬币。投进白色硬币，自动售货机就会倒出一块食物，而投进蓝色硬币，则能倒出两块食物。

经过短时间的试验，黑猩猩根据每次所得到的食品数量，终于辨别出两种颜色的差异，而且很快就能确定蓝色硬币更有用处，所以，它就总是选择蓝色硬币了。

由于饥饿的驱使，黑猩猩的本能动机逼得它必须记住获取食物的某种技巧；一旦掌握了这种技巧，它就不再实验，而是以正确的方法去选择硬币了。

这个实验说明了什么问题呢？

有人认为，黑猩猩所以能记住如何才能搞到食物的秘诀，仅仅是由于它不断地重复才记住的。

如果记忆问题仅仅靠重复就能解决，那我们实在大可不必再深究了。

可惜，事实并不是如此简单。

仅仅靠重复，显然不是解答记忆问题的真正答案。

一个明显的事实是，在学校的时候，你肯定学过许多诗，而且反复吟咏，当时也背了不少，但老实讲，今天你还能记住多少呢?

类似这样反复重做的事，在你日常生活中还少吗?它能帮助你提高记忆吗?

举个例子吧。一天你要打多少次电话呢?一周呢?如果你是推销员，少说也得有百余次吗?如果不看通讯录、电话簿，你能记住多少电话号码呢?

一周就能拨动百余次电话，那么一年呢?一生呢?拨动电话号码的次数大约是数不胜数了。应当说，打电话，是你日常生活中重复率最高的动作了。结果怎样呢?你不留心记的号码，绝对记不了多久，早晚会丢在脑后的。

既然如此，仅仅靠重复就能增强记忆的说法不是很值得怀疑吗?

事实已雄辩地证明，只有把重复与动机联系起来，重复的价值才能充分显示出来。当你有一种强烈的愿望要记住某些东西的时候，反复去记无疑会加深印象，从而使记忆保持长久。

至此，我们已涉及增强记忆效能的第二个重要规则了；记忆动机加上重复，是增强记忆的重要一环。

因此，我们可以有根据地断言：毫无目的的机械重复对于记忆能力的提高于事无补。你应该改变以往的机械记忆的方法，明确你的记忆动机，这将是你打开通向成功记忆之门的钥匙。

另外，我们必须承认，要想把所有的事情都永远记住，那才是天真。因此，首先判断哪些是要永远记住的，哪些只需记住一时之后可以忘掉的。这对于增强记忆力是重要一环。因为在记忆时，如果只需要记住几个小时，那么过几小时以后就会不知不觉地忘掉。美国的哈曼·H·勒马斯教授通过实验发现，当只想将某种知识记住几个小时就行的时候，这种动机会直接影响知识的记忆。

勒马斯教授的实验是这样进行的，命令第一组将事情的主要内容记住三天；命令第二组记住一个星期；命令第三组记住两个星期。结果都只在规定的时间内记住了。

此外心理学家彼德森教授也做过一个实验。他命令第一小组把事情的主要内容记住，并告诉他们两小时以后测验。告诉第二小组把事情的主要内容记住，两星期以后进行测验。而对这两个小组都同时进行两小时后的和两星期后的两次测验。结果在两小时后的测验中，第一小组比第二小组成绩优秀，而在两星期后的测验中，第二小组比第一小组成绩好。

为了应考而向学生硬灌的知识为什么考试一结束很快就会忘掉呢？这两次测验就是很好的说明。

记忆动机可以增强记忆力的另一条理由是：动机能使我们集中注意力，把我们的知识按一定的规律编排。知识编排得越好，记得越牢。心理学家沃尔夫冈·苛勒博士说："有动机的记忆就是有动机的编排。"

（三）记忆动机是走向成功的动力

在日常生活中，抱有某种动机去迫使自己记忆的事例，简直多得不胜枚举。

有一位年轻姑娘，她正在学习瑞典语。谁都知道，这种语言相当难学，她为什么要学习呢？原来是这样的：有一次，她到瑞典驻中国的公司办事，意外地结识了一位使她倾心的瑞典小伙子，并很快地坠入情网。为了赢得他的爱情，她必须尽快掌握瑞典语言。这种强烈的动机驱使她夜以继日地苦读，不久，她就神奇般地掌握了瑞典语言，而且和那位瑞典小伙子喜结良缘。

有一位即将大学毕业的女学生，大学毕业时很想在她家所在城市谋得一个记者的职位。但是，像她这样没有在报界干过一天的人，要想在这样的大城市中挤进记者行列，是相当困难的。

这一点，她不是不知道，但并不气馁，仍旧去到报社毛遂自荐。接待她的总编辑很随和，慢条斯理地询问了她的经历，然后说："好吧，体育部缺一位女记者，明天下午，请你先去体育场现场采写足球比赛，如果你能胜任工作，我们就录用你。"

在四年的大学生活中，她虽然也看过几场足球比赛，但完全是看热闹。看到国家队得球进攻，她会不由自主地喝彩；如果进了球，她更是欢呼雀跃。但对足球比赛的规则，她却一无所知，看不出任何门道。

现在，她却担负采访足球比赛的任务，而且是显示自己能力的唯一机会。她想，尽管自己不喜欢足球，甚至不喜欢在体育部当记者，但目前必须设法先进报社，然后再想办法在社内调动。这样一想，她劲头来了，立即跑到图书馆查阅了各种有关足球比赛的书籍。很快，她记住了足球比赛的大部分规则及其专门术语，了解了各队踢球的风格和主力队员的名字。

第二天下午，她现场采访了足球比赛，并且如期递交了一篇相当出色的采访报道。终于，她如愿以偿，当上了记者，而且不久又调到更为适合的部门，成为这家报社的业务骨干。

还有一位年轻人，他在一家杂志社管图书资料，但不甘心总是这样混下去，总想调到业务部门。

想来想去，做编辑比较理想，但调到哪个编辑部呢？凡是编辑都有自己的专业或特长，自己的专业兴趣在哪儿呢？

他又对自己作了一番审视，在权衡比较中，他选中了音乐。他觉得自己有一定的音乐基础，自幼就喜欢古典音乐，培养了对音乐的兴趣。然而，仅仅兴趣而已。有关作曲家、演奏家的生平、作品以及演奏技巧等方面的情况，他知道得很少。

意识到了自己的不足，这是成功的起点。从此以后，他沉浸在音乐之中，无所不学，无所不记。不仅如此，他还有意识地结交了许多音乐迷。起初，他只是静静地听他们大发议论，有的中肯，有的尖刻。凡是他所不理解的，就虚心去问。他发现，朋友们并不因为他的浅薄而取笑他，相反，他们往往为自己的博闻强记而沾沾自喜。这给他很大鼓励。随着时间的推移，他的音乐知识越积累越丰厚，慢慢地，他也加入到朋友们的讨论中去了。不久，他惊奇地发现，凡学到的音乐知识，谈论得越多，记得越牢。

其实，他正自觉不自觉地运用提高记忆能力的第三个规则，记忆的保持与记忆的使用适成正比。

当然，这个年轻人终于成功了，他以自己的实际本领，赢得了编辑的职位。而今，他已成为音乐评论家，在音乐界享有较高声誉。

到目前为止，你已经学到了改进记忆效能的三个首要规则：

（1）提高记忆与记忆动机成正比。

（2）记忆动机加上重复，是增强记忆的重要一环。

（3）记忆的保持与记忆的使用成正比。

由此可以看出，记忆动机该是多么重要！它是上述三个首要规则的基础。没有它，其他规则自然也就无从谈起。

因此，你必须尽快确定目标，激发记忆动机，并不断地为之输送活力，不断地使之得到回收，这样，就能记得牢固。

科学研究表明，记忆目标越明确，越具体，记忆动机就越活跃，越强烈。强烈的记忆动机会在大脑皮层的相应区域建立起兴奋中心，使大脑神经处于接受信息的最佳状态。这样，外界信息就容易进入大脑，并在大脑皮层建立起暂时神经联系而留下痕迹。此时大脑皮层的其他区域受到抑制，对其他事物的感知自然模糊不清，而专心于某一活动对象，从而使这一活动对象的记忆痕迹变得清晰。

让我们再强调一遍：记忆目标的确立，记忆动机的唤起，这是你改进记忆效能的决定性的一步。

五、积极的思维，为加深记忆保驾护航

记忆活动与思维活动是紧密相关的，二者互为因果。思维积极、灵活、正确，记忆的效果就好；同时，记忆的信息又为思维提供了可靠的保证。实践证明，对那些进行过积极思维的事物，即使没去有意记它，其基本内容也会自然而然地铭刻在你的头脑之中。

（一）思维与记忆的关系

1. 记忆是思维的基础

假如把思维比喻成画家，记忆信息就是颜料盘中千红万紫的色彩；假如把思维比喻成音乐家，记忆信息就是变化多端的音符。假如把大脑比喻

成一台机器，那么思维就是生产过程，而生产所用的原料便是记忆信息。倘若缺少原料，机器再好也无法生产出产品来。所以，没有记忆就不会有思维；而缺少正常的思维，机械记忆仍然有可能存在。山区的老农民经常在果树下盘算着当年的收成，想着能挣多少钱；老师批改学生的作业，组织学生进行智力竞赛活动；我们阅读一本喜欢的书的过程，都离不开记忆。缺乏记忆信息作为资料，思维根本无法进行。想象一下，一位刚上小学的学生能够进行“哥德巴赫猜想”的运算吗？雕塑家能设计“阿波罗”号宇宙飞船吗？答案很明显。不能。究其原因，他们的记忆信息里没有相关的资料。

回顾人类历史，也是建立在大量的记忆信息基础上，人类的智慧才能够不断地发展，经验才能够不断地积累，才能够有所创造，才能够有所前进。人类如果缺少良好的记忆功能，那么，只能处于愚昧、落后的状态。所以，无论是单个人还是整个人类，要想进行思维，必须发展记忆能力，必须记住大量有用的信息。

2. 思维是记忆的向导

简单地说，我们在识记的时候，思维会把记忆信息以最快的速度安置在“记忆仓库”中的相对应的位置，并且与原有的知识结构进行结合。这样的话，当我们回忆时，思维就会帮助我们从“记忆仓库”进行精确查找。具体作用主要表现有三点：

（1）概念与记忆。概念是客观事物的一般属性或本质属性的反映，是人类思维的主要形式，也是思维活动的结果。概念是用词来标志的。人的语词记忆就是以概念为主的记忆，学习的目的就是要掌握科学的概念。概念具有代表性，这样就使人的记忆可以有系统性，诸如，“树”的概念包括了各种树，我们在记忆槐树、杨树、梨树等材料时，就可以归入树的概念中一并记住。从这个角度讲，概念可以使人举一反三，灵活记忆。

（2）理解与记忆。理解是思维活动的一部分，它既属于思维活动的过程，也属于思维活动的方法，还是思维活动的结果。此外，理解还是有效记忆的重要方法与途径。通过理解而认知的事物，会在大脑里记得扎扎实实。

(3) 思维方法与记忆。思维方法具有多样性，它们均与记忆有关，有些直接适用于记忆。例如比较、归类、概括等。思维方法多样性的优势在于，可以帮助我们理解一些概念，从而记住大量的信息并获得系统的知识。

(二) 思维方法与记忆的关系

思维是人的大脑对感觉、知觉提供的材料进行“去粗取精、去伪存真、由此及彼、由表及里”的进一步加工，从而间接、概括性的反映事物的整个过程。

思维的间接性指的是人们依靠已经获得的知识经验去认识那些还未感知过的或根本无法感知到的事物。与此同时还具有推测和预见事物的发展进程。例如医生凭借对人体知识的了解，通过观察可以判断出患者的大概病情。又如、举一反三、以小见大、见微知著等都属于思维间接性的复杂表现。

思维的概括性是指人们根据人们已经了解的知识经验，对事物进行最为本质的认识的过程。人们在接触事物时，通常由感性认识上升到理性认识，进而才会产生概念。思维活动其实就是概念的运动。假如把概念比喻成砖石和水泥，那么思维就是建筑施工的过程。也就是说，一个人的理论水平越高超，他的思维能力就越强。

思维方法有很多种，比较常见的有分析、综合、比较、归类、抽象、概括、系统化、具体化这八种方法，下面谈一下这八种方法与记忆的关系。

1. 分析与综合

分析是对事物的属性、表象进行考察的方法；综合是把事物的各种属性、各个部分进行全面考察的方法。二者看似独立，其实不可分割。倘若一味分析，不去综合，就像只见树木，不见森林，导致以点带面，以偏概全。相反，如果只做综合，不去分析，就像只见森林，不见树木，缺少细节，有失偏颇。

分析法的特点是：从未知到须知，然后逐步靠拢已知。综合法的特点是：从已知到可知，然后逐步推出未知。

分析与综合相辅相成，缺少分析就没有综合，没有综合也就谈不上分析。例如，我们在看书的过程中，把文艺类和社科类区分开了，这就是分析的过程，同时也是综合的过程。

分析与综合是基本的思维过程，也是一切智力活动的基本出发点。分析综合能力是在学习和生活实践中逐步发展起来的。分析综合的过程就是动脑思考、深刻理解的过程。而积极思考是记忆的重要前提，深刻理解是记忆的最佳手段。例如，爱因斯坦的朋友曾说自己的电话号码不好记，当他说出这号码是24361时，爱因斯坦马上回答："这有什么难记的！两打加19的平方就是了。"两打是24，19的平方是361，这样一来，谁都能记住24361了。

2. 比较与归类

比较是找出事物之间的共同点和差异点的方法；归类是根据事物的一些外部特征或内在联系进行分类的方法。两者互为条件，比较是归类的前提，归类是比较的根据。只有运用比较，我们才能够对日常接触的各种材料进行分类归纳，使之更加系统化、条理化、概括化；并且只有按照归类的标准才能更有效、更快地进行比较。

比较法在记忆中具有重要的意义，可以帮助我们、深刻地、准确地、全面地记住相关的材料。通常应用在以下几个方面：①新知识与旧知识比较。从而"温故而知新"；②新知识与新知识比较。从而使知识精确化；③旧知识与旧知识比较，从而进一步理解记忆。

比较法形式多样，主要有两点：①同中求异，就是在识记材料共同点以外尽量找出其中的不同点。它不是对事物表象的认识，而是对事物本质的属性比较，抓住事物的细微特征进行记忆。②异中求同，就是识记材料不同点的基础上尽最大努力找出它们的相似点及共同点。一旦精确地找出识记材料的相似点或相同点，就会让我们记得更加牢固。正如黑格尔所说："假如一个人能见出当下即显而易见之异，譬如，能区别一支笔与一峰骆驼，则我们不会说这个人有了不起的聪明。同样，另一方面，一个人能比较两个近似的东西，如橡树与槐树，或寺院与教堂，而知其相似，我们也不能说他有很高的比较能力。我们所要求的，是要能看出异中之同，或同中之异。"

我们在提高记忆能力的过程中，比较法十分重要，那么如何才能掌握比较的方法呢？①一定要搞清楚比较的概念和基本要求；②熟悉比较的基本规律；③试着对学习材料进行比较然后再逐步改进；④经常运用比较方法，达到熟能生巧的地步。

归类能够帮助我们把分散的识记材料进行系统的整理，从而便于学习和记忆。

美国心理学家布鲁纳认为：①归类能简化环境的复杂性使我们对归类事物不必逐一分别对待；②归类能简化我们的学习，使我们对同类事物不必都从头学起；③归类是我们认识周围物体的一种工具；④归类能指示我们的工具性活动；⑤归类帮助我们理出事物的层次与关系。

归类的方法也很多。比如，遇到同类的知识可以运用列表归类；对哪些容易混淆的知识可以运用对比归类等。运用归类法要遵循两个标准，一是简单归类，就是根据事物的外部联系或不同本质属性进行归类；二是复杂归类，就是根据事物的内在联系或本质属性进行归类。

我们在运用归类法提高记忆时，应该注意两个问题：①要确定一个统一的标准，不然的话在归类的过程中容易出现“站错队”的现象；②要真正了解事物之间的内在联系，不要被它们的表象所迷惑。

恰当地运用比较法和归类法可以举一反三，由此及彼，养成科学的思维习惯，就能够记牢所学的知识。

3. 抽象与概括

抽象就是根据事物共同的一般属性或本质属性进行观察的方法。概括就是把事物的本质属性联合起来推广到归类事物上去的方法。抽象通常是在分析、比较的基础上进行的，而概括通常是在抽象、综合的基础上进行的。二者为递进关系。一方面，抽象是概括的前提或基础；另一方面，概括是抽象的补充或外延。也就是说，没有抽象，不可能产生概括；缺少概括，抽象也将失去存在的意义。只有把各种事物共同的某种属性抽取出来才有可能将其联合，而只有这种联合的完成，才能发挥出抽象的应有作用。所以，在学习和记忆中，应该把二者结合起来运用。

例如，我们对一只鸟儿的形状、颜色、生活状况等一一加以考察，便是分析，而通过对各种鸟进行比较，抽取出“有羽毛”、“是动物”这些共同本质属性，并使这些属性与其他属性如颜色不同、形状不同等分离出来，这就是抽象。同时，再把这些共同的本质属性结合起来，从而认识到“鸟是有羽毛的动物”，这就是概括。

抽象和概括的层次、水平是不同的。一般来说，对事物的具体属性进行抽象概括是比较容易的，而对事物之间的联系和关系进行抽象概括就比较困难了。当然，人的抽象概括能力是可以随着知识的积累、经验的丰富而逐步发展的。

抽象法和概括法能帮助我们对识记材料进行提炼，并抓住关键。对大量的、原始的、详细的学习材料进行删繁就简，可以提高记忆的效率。

4. 系统化和具体化

系统化就是对各种有关材料进行科学的排列组合，使它们形成一个完整体系的方法。具体化则是把抽象出来的一般认识应用到具体的特殊的事物上的方法。二者关系密切，所学知识如果没有经过系统化处理，那么就永远处于零碎的、分散的、单独的状态，既不便于记忆，又不利于应用，也就是说，不能很好地进入具体化的过程。而对所学知识的具体化过程，又可以验证对知识掌握的程度，从而起到完善系统化的作用。

在学习和记忆过程中，系统化的运用形式是多种多样的。但主要可以归纳为两大方面：①并小为大，即把一个阶段内所学过的知识按照知识本身的体系结构，联结成为一个较大的体系，其间不仅有纵向的单学科自身的发展，又有横向的多学科之间的联系。②化大为小，即把某一本书、一篇文章学过以后，抓住其主要脉络，或绘制表格、简图，或编写提纲、提要，或撰写心得、笔记等。这样，可以把学习材料“压缩”成易于消化的高级营养品。这样不仅易于理解、易于记忆，而且有利于巩固和提取。

具体化方法的运用方式主要有两种。①把理论知识应用于实际。例如，在解习题时用数学公式，在写文章时用修辞方法，在解释某些天文现象时用自然知识等。②用具体事例来说明理论知识。例如，学习了辩证唯物主义，能够引用日常生活中的例子来说明对立统一规律；学习了政治经济学，能够引用当前的一些社会现象来说明价值规律的作用。具体化可以使人更好地理解一般的事物。

上述 8 种方法是互相交织在一起的，在学习中应综合运用，而不能拘泥无变通。

（三）培养正确思维的方法

第一，要有目的：任何一种思维活动都是遵循发现问题和解决问题的原则的，这就要求目的必须明确、具体，不能含糊其词，否则，思维便可能无的放矢，这种胡思乱想的思维是要不得的。提出问题还应该与自己已有的知识水平相适合，否则，思维便可能超越现实，这种想入非非的思维方式也不可取。思维过程中，还需养成不达目的决不罢休的习惯。这对培养思维能力非常有益。

第二，要有准备：问题明确以后，要积极准备解决，而最好的方法就是掌握尽量多的有关知识。有的人写起文章来左右逢源，妙语连珠，主要是因为知识准备充分的缘故。在学习中要认真复习，巩固以往所学的知识，以保证新课题的顺利解决。遇到问题时不能绕着走，而要认真寻找有关材料来研究解决。实践经验说明：知识和资料越多，思维活动便越顺利。

第三，要有系统：在问题明确、材料齐备的基础上，还应该注意思维的系统性。其一般程序是：首先分析问题，排出其主次关系；其次，分析材料，把握可利用的部分；再次，解决问题，如出现错误要及时总结，以便修正思维活动。最后，要进行验证，因为一切问题归根结底都是在实践活动中产生的，所以，思维结果也需要到实践中去检验。

第四，要有规律：思维与其他心理活动一样，是有规律可循的。例如：从具体、感性的引向抽象和概括的；在某一种思想的主导下各种思维互相配合；思维活动多层次、多水平；思维的间接性与概括性辩证统一；思维与记忆彼此制约、互相促进等。有意识地遵循这些规律，对培养自己的思维能力非常必要。

此外，坚毅顽强的钻研力，明辨事物的观察力，专注持久的注意力，对比筛选的分析力，丰富大胆的想象力以及除旧布新的创造力等，都是培养良好思维能力的重要条件。

六、开启照相记忆力，阅读从此不再缓慢

右脑具有照相记忆的能力，这种能力就是将信息以图像的形式记忆并重现的能力。如果一个人能掌握右脑的照相能力，那么在阅读的时候一眼就能看到一页的内容，以这样的速度来推算，看完一本书只需要几分钟的时间而已。不要认为这是不可能的事情，其实人类天生就具备这样的能力。

曾经有科学家做过这样一个实验，他们将不同形状的小石头分为三层，每层都放置五个，让来自非洲和日本两个国家的小朋友对其进行记忆，随后将这一堆石头的顺序打乱，让这两个国家的小朋友把石头恢复原样。

实验的结果让所有参与研究的人员都感到意外，来自非洲的小朋友很快就把石头回复了原样，而日本的小朋友却只能摆对两三块石头的位置。为什么会出现这样的现象呢？这是因为，非洲的小朋友在日常生活中养成了照相记忆的能力，他们通常一眼就能看出在草原上奔跑的马群的数量，如果换作我们，估计早就已经被奔跑的马群绕晕了。

在日本的江户时代，大分县有一个名叫帆足万里的人，他被称为大分县的“三贤人”之一，从小就展现出了超凡的记忆力。

有一天，帆足万里在外出的时候遇到了一阵大雨，于是他就跑到路边的染坊去躲雨。当时，染坊的主人正在结账，因为万里很喜欢算账，就站在主人旁边看他结账。几天之后，那家染坊发生了火灾，染坊主的账本也在那场大火里被烧了。账本里记录的是尚未收回的账，可是账本已经葬身火海了，所以欠款注定是收不回来了。就在染坊主焦急万分的时候，帆足万里找到他，并将账本里记录的人名、地址和交易内容等都背诵给染坊主听。染坊主在高兴之余，也对帆足万里超强的记忆力赞不绝口。

在日常生活中，也有很多人具有帆足万里这样的照相记忆能力，比如一流的音乐家在演奏的时候，只要瞥一眼乐谱就能记住几个小节、十几个音符；围棋和象棋比赛的选手们在下完一盘棋之后，通常都能将刚刚的棋局重现出来。

所以，这种照相记忆能力是人天生就具备的，这一点也能从大脑生理学的角度进行解释。我们已经知道，大脑分为两个半球，左半球主要通过语言来记忆，遵循逻辑的顺序，是一种直线式的处理信息的方式，花费的时间相应地就会变多。而右脑在进行记忆的时候，通常都是将记忆内容转化成图像储存起来，这样一来花费的时间就要比左脑记忆少了很多，由此可见右脑采用的是并列处理信息的方式。这种处理信息的方式能够极大地提高大脑的记忆速度，而且还能相应地节省精力和时间，据研究人员表示，右脑的照相记忆法与左脑的传统记忆法相比，记忆同一件事情所要花费的时间和精力，前者只需要后者的1%就能完全记住了。

尽管我一再说，右脑照相记忆能力是每个人天生就具备的能力，但是在我们的成长过程中，很多人都没有善加利用右脑的照相记忆能力，根据自然进化中用进废退的现象，所以我们右脑的照相记忆能力就逐渐退化了。不过也没有必要太担心，因为这种照相记忆能力是我们与生俱来的，所以，我们只要通过合理的训练，就能重新拥有这种能力。

当我们在使用右脑照相记忆时，只要将一本书的内容读过两三遍之后，就能全部复述出来。利用右脑照相记忆法，那些我们只看过一眼的内容像拍照一样记下来，并且通过图像使其再现。这样一来，你或许只需要花费几分钟的时间就能将一本书的内容全部读完。

如果你还是对右脑照相功能持不信任的态度的话，那么看看下面关于日本生物学家南方熊楠的案例，你或许就会相信了。

南方熊楠在刚刚上小学的时候，记忆力就十分惊人。一天，他在邻居家玩的时候，无意中发现了邻居家的书箱里收藏着《和汉三才图会》，他将这本书的所有内容都记了下来，回家后将内容一字不差地默写了下来，更重要的是，南方熊楠还能记得书中全部的画面。

南方熊楠这种让人感到十分不可思议的记忆力其实都托右脑照相记忆能力的福。这种能力并非是天才的专属，普通人在经过一定的训练之后，也能达到那种水平。

在日常生活中我们就可以进行简单的照相机训练。首先要备好印有图画、数字和文字的卡片，并以每秒钟一张的速度让志愿者只看其中的5张，然后再让志愿者将看到的内容写下来。然后将卡片放回去，打乱顺序，然后再抽 5 张……这个实验是需要反复进行训练的。在刚刚开始的时候准备 7 张，然后逐渐增加，8 张、9 张……就这样不断地进行训练，只有坚持训练，大脑的照相记忆能力才能被激活。

七、有了明确的目标，就能激发记忆的效能

在我们研究成功者之所以获得成功的原因时，会发现，他们每一个人都各有一套明确的目标，都已订出达到目标的计划，并且花费最大的心思和付出最大的努力来实现他们的目标。

从贫穷到富有，第一步是最困难的。其中的关键，在于你必须了解，所有财富和物质的获得，都必须先建立清晰且明确的目标。当目标的追求变成一种执着时，你就会发现，你所有的行动都会带领你朝着这个目标迈进。

准确地说，目标是实现人生价值的动力。它就像是射击场上的靶子，又像是围猎场里的猎物，是你处心积虑要追求的目标。

它诱惑着你，引导着你，促使你步入人生的更高境界。

首先，你必须清醒地意识到，自己的学习总是有一定的目标的，那是成功地改进记忆效能的一个前提和基础。其次，你必须明确地认识到，自己追寻的目标是什么，那是推动你前进的主要动力。

我们相信，只要你坚定地确立能提升记忆力的目标，在十天之内，你就完全能够以每天百分之十的步伐提高自己的记忆能力，直至把自己的记忆潜能全部开掘出来。

在由目标转化为动力之前，以下几个问题你必须得明白：

（一）尽快确定你的目标

第一步，你要认真地想一想“为什么要阅读本书？”相信你会这样回答：“是想提高自己的记忆能力”

接下来的问题就更加切实了：

“如果你达到了目的，打算利用它做什么呢?”关于这个问题，不要回避，应该给予明确的答复。记忆仅仅是是我们从事各项事业的一种载体，而不是目的。所以，提高记忆能力不应该是你的最终目标，它只是为我们的学习与工作提供更好的服务。

当然，每个人的人生目标有所不同，所追求目标的过程也千差万别。不管如何，一个人总得有自己的目标。实现目标，成功的记忆就是一个必要的起码的前提。一旦你的记忆能力大大增强，无疑就为你在实现目标的道路清除许多心理障碍，让你的梦想也就更容易地变成现实。

这里，让我们闭上眼睛，憧憬一下，当记忆力提高以后，你的目标是什么呢?

也许你想在最短时间内把记不住的单词全部记住;

也许你想记住公司里的所有规章制度，这样就可以避免少犯错误;

也许你想阅读一本书后，给别人讲解;

也许你想记住各种答案，然后去参加电视台举办的知识抢答类节目;

也许，还有其他数不清的情况。

当然，这些想法是可以实现的，因为你已经确定了自己的目标，而且目标就储存在你的意识中。要想达到你所既定的目标，前提是提高或改进你的记忆能力。只有在下面的行动显得驾轻就熟，才能证明你的确掌握了成功的记忆:

是要学习某一种语言吗?就必须尽快记住它的语法和词汇。

是要掌握新的职业的有关规则吗?就必须尽快地记住它的细则。

是要表现你的学识渊博吗?那就必须准确地记住书中的细节。

是要赢得智力竞赛的桂冠吗?就必须准确无误地记住所有相关的问题。

可见，成功的记忆，可以帮助你实现目标;同时也说明，明确的目标，又可以促进记忆效能的提高。

(二) 闯过“记忆的死亡线”

正如长跑运动员都有运动量的极限，他们只有突破极限才能获胜;同样，我们在记忆训练中也面临这一状况。比如，有时你会发现自己正以异乎寻常的速度获取新的知识，记忆效能也被充分地调动起来，仿佛不知疲倦地为你工作。但是转瞬间，你又会蓦地感到记忆机关好像出了什么毛病，运转不灵了，甚至，你感到自己又退回到原来的起点上。

为此，你感到悲观失望，甚至怀疑自己的一切努力都将是竹篮打水一场空。

事实当然不是这样。这种现象是正常的、短暂的，人人都有可能遇到，就好像大脑一片空白，所有的记忆机能都处于一种停歇状态。

这种现象，我们称之为“记忆的死亡线”。

一般情况下，不管你学什么，开始的时候，记忆效率总是很高，用不了多久，你就能初步摸索出一些掌握这门知识的路数。这时，你的记忆功能就像是加了油的机器，动转得十分轻快，又像是高山滑雪的运动员，从高山顺坡滑下，大有一泻千里之势。

然而，初步掌握的知识毕竟是有限的。随着知识视野的开阔，你会越发感到该记的东西太多，或是公式，或是词句，或是数据等，都应当记住。

遗憾的是，正需要记忆功能鼎力相助的时候，它却懈怠下来。到后来，它甚至好像完全在原地踏步，再难以百尺竿头更进一步了。这时，实际已到了“记忆的死亡线”上了。这就像高山滑雪运动员，滑到一处平地，速度必然会越来越慢，但是，慢归慢，它并没有完全停下来，直至另一个高坡前，速度才会完全停顿下来。

同样的道理，记忆功能也一直在“记忆的死亡线”上慢慢运行着，直至你接触到新的学习材料、向新的知识高峰攀登为止。以后，你又开始识记新的东西，而以往的学科知识不再闯入记忆范围。

那么，怎么才能闯过“记忆的死亡线”呢？最好的办法就是确立近期目标。

也就是说，我们要懂得安排记忆进程，把人生的长远目标划分成若干个不同的近期目标，然后再逐一实现和跨越，每当我们达到一个近期目标后，信心也就随之增强，记忆效率和记忆速度也在不知不觉中有所提高。

因此，当我们达到所有的近期目标以后，距离一直追求的长远目标也就不远了。而对那个长远目标的靠近，肯定会刺激我们的记忆效能，从而更有效地提高我们的记忆能力。

比如，你要学习一门外语，如果确立的学习目标过于笼统，在学习的过程中就会感到非常吃力；如果把这个目标分割成不同的小目标，也就是近期目标，先完成什么，再完成什么，如此循序渐进，你就会觉得你在记这些单词时不再吃力。就这样，只要我们每一次克服了困难，每一次获得了成功，自信心便会随之增长，而自信心同时又鼓舞人们去争取更大的成功。

不仅仅是学习外语，生活与工作中也会出现许多类似的现象，都可以采用这种方法，使你的长远目标分解成若干不同的近期目标，由浅入深，不断地刺激你的学习兴趣，增强你的记忆力。长期坚持下去，记忆的死亡线就不会出现，不会对你的心理产生消极影响。

（三）如何确立记忆目标

西方有位心理学家曾经做个这样的实验：他先让跳高运动员在空地上腾空跳跃，测出其腾起的高度是多少；接着，他再让跳高运动员跨越跳高横杆。刚开始时，横杆的高度与跳高运动员在没有横杆的状态下，腾跳的高度是一样的，后来，跳高运动员每越过横杆一次，这位心理学家就增加一点高度。测试的结果发现，跨越横杆要比凭空的高度高得很多。通过这个实验从而说明，有目标（如横杆）远远比没有目标要好；确定一个个近期目标（横杆一点点升高）比上来就冲击向长远目标要好。

再比如每一位长跑运动员心里都有自己的目标，希望每一次都能超越自己的最好成绩；希望每一次都能刷新世界纪录。超越自己的最好成绩，是近期目标；打破世界纪录是长远目标。随着自己的纪录和世界纪录不断超越，他的长跑速度也就变得越来越快。

这里还有一个实验：在这一实验中，被试者分为A组和B组，这些测试者各个方面的条件都相同。先让A组的测试者用最大力气去做手中活计，然后记录下完成时间。接着，让B组的测试者做同样的活计，与A组不同的是，明确地告诉B组要与A组展开竞赛。结果，B组完成的时间比A组短了很多。这个实验说明，B组有明确的工作目标，所以速度快、效率高；A 组没有明确的工作目标，所以耗费的时间长。

既然目标确定有这么大的吸引力，那么怎样才能确立自己的近期目标和长期目标呢？其实，不同的人要根据自身的情况进行制定，因为只有自己知道什么时候精力最充沛，什么时候工作效率最高。因此，我们在提高记忆时，一定要把握好自己的最佳记忆时间，把最重要的问题放在这段时间去理解、去记忆。

八、相信自己，你就能成为记忆精英

简单地说，自信就是自我相信自己。一个人要想在事业上有所成就，自信心是首要条件，如果自己都不能够相信自己能够取得成功，那是绝对干不好的。

心理学研究表明，在识记材料的时候，只要有能记住它的信心，比没有信心的记忆效果要好得很多。我们在学习的过程中，如果对自己的记忆失去信心，可能会出现真正的健忘。我们可以接受他人对我们的心理暗示，同时也可以接受自我的心理暗示。因为我们担心自己记不住的顾虑通常会使脑神经细胞产生抑制作用，导致刺激物在大脑中留下模糊的印象。如果相信自己一定能够记得住，大脑皮层上则会形成一个兴奋中心，其他无关部位基本上都处于停滞状态，这样势必集中对刺激的注意，使其留下清晰的印象。

（一）自信心对记忆的作用

关于自信心对记忆的作用，心理学家曾做过实验：他从大学校园的一个班级中挑选出同学们公认的一个最愚笨、最不招人喜欢的姑娘，并要求其他的同学改变对她的看法。那是一个风和日丽的日子，大家按照心理学家的要求，纷纷照顾这位姑娘，向她献殷勤，送她回家，赞叹她是一位聪慧、漂亮的姑娘。会发生什么样的结果呢？原来，不到一年的时间，她的言谈举止果然变了样儿，简直与以前判若两人。她高兴地对同学们说：自己获得了新生。其实，她还是她，并没有变成另一个人，可是在她的身上却展现出一种内在的美。这种美是在绝对相信自己、并赢得周围的人相信和爱护时才会表现出来。这就是自信心起到的至关重要的作用。同样的道理，相信自己的记忆力好，就容易记住所接触的事物。

美国有位叫胡德华斯的心理学家，长期研究自信心对记忆的作用。结果他发现，那些记忆力超强的人，都相信自己的记忆能力是最棒的，他们对自己的记忆充满了自信。

由此，我们不难发现，日常工作、学习中，很多人在记忆方面缺乏自信心。例如“中国古代文学的题量太多，我不可能全部记下来，考试考不好是预料中的事情。”有了这种想法，往往会在复习和考试中变成现实；“我的脑袋笨、记性差，学啥也记不住。”这虽然是一种谦虚的表达，可能会在潜移默化中构成某种消极因素。心理实验证明，怀疑自己的记忆能力，实际上会影响自己的记忆效果。

我们在提高记忆的过程中，不但要相信自己的记忆能力，还必须相信大脑仓库的储藏量。科学研究证明，人脑90%的功能有待开发。所以，我们不必担心大脑仓库装不下，放心大胆地相信自己的记忆能力。

当然，自信并不是狂妄和不着边际，我们必须对自己有一个正确的判断。如果异想天开、妄自尊大，不但不能提高自己的记忆力，反而会损害我们的自信心。

（二）培养自信心的方法

1. 要立足于现实基础

自信心是大脑的产物，因此，培养自信心要脚踏实地，实事求是。坚定自信心，一要看社会的需要，二要看自己的条件。例如，古时候有个人学习屠龙术，结果，8年技艺却没有用武之地；现代有很多人研究过永动机，自信能一鸣惊人；有些人文理还不通，竟想8年成为大作家，这些都不属于自信，而是狂妄，没有现实基础的自信只能是一枕黄粱。

2. 积累微小的成功

美国的布朗尼科夫斯基主张“通过一次微小的成功来增强你的自信

心”。老作家夏衍一生发表过许多作品，有些甚至连题目也想不起来了。但他16岁时被上海《时报》副刊刊用的第一篇短文，却铭记在心，连稿酬2角，不是现金而是购书券的细节也记得清清楚楚，可见微小成功的力量。每克服了一个困难，获得了一次成功，自信心就会随之升华一步。

3. 回忆成功的经验

平时，经常回顾自己成功的经验，特别是经常体会成功的喜悦心情，例如，“上小学时，有一次考试我得了双百！”“学外语时，我一个小时记住了50个单词，一点也没错。”只要是成功的事；就会使人坚定自己的信心，不知不觉增强了自己的记忆力和注意力。反复练习一段时间以后，再遇到考试，你可以用1~2分钟来稳定情绪，在头脑中浮现出成功的经验来，然后想到“上次我就记得很好，这次也一定能记住。”这样，你就会有条不紊地提取你记忆中的知识，而很少出现想不起来的现象了。

九、重复的次数越多，记忆就越深刻

人脑所记忆的东西，会被逐渐淡忘。记忆得越肤浅，淡忘得越快；记忆得越深刻，淡忘得越慢。记忆的深浅不仅与刺激的强度有关，也与重复的次数有关。在一定条件下，重复的次数越多，记忆就越深刻。

（一）科学重复之于记忆

我国著名桥梁专家茅以升，80多岁高龄还能熟练地背诵圆周率小数点后一百位以内的数。有人向他请教记忆诀窍，他的回答是：“说起来也很简单：重复！重复！再重复！”

刚接受新知识时需要重复，否则印象太浅，不会在脑中留下强烈印象。就像没有闸的汽车，一直开到坡顶才能停稳，半坡上熄火就容易滑下来。“重复好像发动机，应该把记忆的载重车推上有利于保持信息的‘坡顶’再歇息。”

巩固知识也需要重复，复习的本身就是重复。德国心理学家艾滨浩斯曾根据复习次数、时间间隔、遗忘速度三者关系画了一条记忆曲线。发现了两个问题：一是重复的次数越多，忘得越慢；二是遗忘的速度并不简单地与时间间隔成正比，而是先快后慢。所以第一次复习应该及时，新学习的内容最好在12个小时之内复习一遍。第二次复习时间间隔可以稍长，比如两天。再往后，间隔可以更长，比如依次为一周、半个月、一个月、半年、一年、几年。复习所用的时间也会依次缩短，甚至只要用眼或耳过一遍就行。这样先重后轻、先密后疏地安排复习，效果极佳。

从机制上讲，记忆能力有一部分取决于以生物电为基础的，能使大脑神经细胞突触触接的能力，这种能力的增强取决于神经细胞间反复的变换强度的触接（传递生物电）。通俗地说，经常重复尤其是变着法重复的任何信息都会在大脑里牢固地留存下来，它远远要比浏览一遍就扔下的信息记得牢，而掌握重复技巧并运用其进行“趁热打铁”的复习，还会使记忆效果更好。

这一研究结果也与记忆规律相吻合：除了记忆高手，除了常人对在首次识记时印象特别深刻（刺激异常强烈）的信息可以经久不忘外，所余信息如不及时重复，便会随着时间的流逝而不断被遗忘。换句话说，外界的知识与经验通过眼、耳、鼻、舌、手等感觉器官转录为信息（讯号）输入大脑，进行首次识记后，如果不再重复（复习），留存在大脑中的大多数信息的印痕将随着时间的推移而逐渐淡化，最终完全消失。

人们将识记信息被遗忘后不能恢复的起始时间叫作临界值或遗忘点，发现识记不同的信息有不相同的遗忘点，而抢在遗忘点之前重复就能让信息长久留存在脑中。

（二）六大重复技巧强化记忆

总的来说，科学的重复技巧，就是在理解的基础上运用适合于自己的方法去对抗遗忘——在遗忘点之前的时间里进行复习。下面介绍几种常用的重复技巧。

1. 从新的角度使识记过的信息重现

（1）用不同器官去感觉同一信息

例如记忆有酸味的食品、添加剂与药品的名字：醋、酸、山楂、灯笼果、酸浆、柠檬酸、苹果酸、酒石酸、维生素C，通过视觉信息输入脑中被首次识记后，记忆者不时回忆这段文字，有人口品尝实物来增强对酸味的体验，还用鼻嗅其散发的气味。这样一来，不但容易记住这段文字，还能区分各种物质所独有的酸味。

（2）先将数字转录为新的形式而后再记忆

苏联著名导演爱森斯坦记忆电话号码的方法是把电话号码谱成曲子来唱。

（3）变换顺序重复

如将中间最重要的信息拿到最后去重复，或者是拿到最前面去重复。因为最先记忆和最后记忆的信息受到的抑制是单向的，受干扰度较小。

（4）让需要记忆的信息重复出现在不同词语中

例如，变个角度复习外语单词、语文生字等。

（5）每次都以不同的方式预习和复习

在预习时，第一次通读课文，第二次发问——精读的对象在哪里，第三次精读，第四次用加大力度的思维去筛选提炼供笔记的东西，第五次用关键词做笔记。

在以回忆的方式温习或者复习时，第一次全面地回忆，第二次将回忆的重点放在上次回忆的部分上，第三次对笔记进行“字去意留”的删修，以备日后总复习时使用。

（6）找出具有相同词根的不同的单词

记单词是学外语的一个关键环节。有人在记忆单词时总结出来一个节省时间的好办法：将与词根搭配的字词汇集于一起来比照记忆，会记得又快又牢，并且还有效地锻炼了思维。

2. 分散重复与集中重复相结合

有些信息需分散重复——记忆效果优于集中复习；有些信息如诗歌之类的则需集中重复——记忆效果优于分散复习。从总体上来看，分散重复与集中重复相结合无疑是最佳选择。

3. 对重要内容适度地超量重复

超量重复，就是识记某一材料达到最高限度熟记时，继续重复回忆或复读（重复认知）。

在战争中军队所用的口令或密码以及其他重要的只能脑记的信息，使用者为了牢记它们，常常采用超量重复的办法。

由于超量重复的最佳次数不但因人而异，还因信息的繁简陌熟而异。所以，只能是具体情况具体分析，区别对待，最重要的是总结出适合于自己的超量重复份额。

在确定超量重复的份额时，可以参考前人的实验结果：超量 200% 虽然能够使保持量增加，但所耗时间却比超量多了 150%。所以，通常情况下，超量 150% 就是最佳选择。

4. 增加回忆份额

增加回忆份额为什么能够强化记忆？原因有以下 3 点。

一是记忆的一条重要规律就是“认知容易，回忆难”，能回忆起来的能全部认知，而能认知的却未必全都能回忆起来。从“难记忆——复习（温习）”入手，效率会显著提高。

二是回忆省去了认知实体呈现在面前的环节，只在脑中将需回忆的信息浮现出来即可，因而缩短了取得相同记忆效果的记忆时间，也提高了记忆效率。人们可以随时随地进行回忆，非常便捷。

三是增加了对被回忆对象（识记原型）的尝试重组、改造升华的概率和加深理解的思维份额。这是单纯的认知远远达不到的效果。

怎样增加回忆份额？下面为大家做一个简要的介绍。

（1）闲时“回嚼”

闲时“回嚼”，就是在闲时将贮存在大脑内的信息通过回忆提取出来，以求加深记忆。

可以将有效零碎时间全部利用起来，按计划有系统地回忆学习内容中的重点、难点、疑点及解题与习作的各种思路。可供选择的回忆技巧如下。

①每次回忆都将重点放在上次遗忘的部分。只回忆你想记住的，如摘要、定理、定律、常用的数据图表等，每次回忆都将重点放在上次遗忘的内容上面。

闲时忆听自己出声阅读外语时的录音。既能巩固记忆，又可改正不标准的读音。

闲时默写记忆思路图。记忆思路图是对所识记信息的概括和提炼，顺着记忆思路图理顺要点，能及时发现记忆的不足，还能有效地进行发散思维。

闲时默写你感兴趣的东西。有的人对背诵诗歌特别有兴趣，闲时默写，对增强记忆效果大有裨益。

闲时认“此”忆“彼”。认“此”忆“彼”的记忆法能帮助提升记忆效果，有助于联想技能的形成，对一时间回忆不起来的内容，大脑能加大进行联想搜索的思维力度，并且比视读回忆所花费的时间要少得多。对识记过的材料，在复习时采用不拘一格的认“此”忆“彼”的方法，有使记忆效果得到提升的作用。

实例一：制作一些便携耐用的小卡片，一面写上外文的单词或语法，另一面写上中文的译义。在复习时，可随意抽取。如果在视野中出现的是外文（能认知的话），那么，你就通过认知外文来回忆中文的译文；如果相反，你就可以通过认知中文的意义来回忆外文。

实例二：预先将需记内容的一部分用物覆盖，或者将主从关系的需记内容的主或从的部分用物覆盖，然后再去认知未覆盖的部分并引起对覆盖部分的回忆，亦可变换被覆盖的内容。

此外，学龄前儿童翻看的一面是图、另一面是字的方块识图认字卡片，或把公式、图像、表格等置于一张纸的一面，另一面是文字解释的形式，也有认“此”忆“彼”的提升记忆效果。

②闲时忆听老师讲课的录音。为了在课堂上集中注意力听老师讲课，有条件的学习者可用便携的录音设备录下老师的讲话，这就免除了漏记精华内容的后顾之忧。这是一种让回忆和听觉帮助记忆的好法子，经由耳朵将精华内容重新输入脑中，就好比是再一次走进了课堂。

③养成临睡前和起床后回忆所学重点的习惯。回忆的最佳时机是何时？从时间里找时间无疑是你最好的选择——“时间就像海绵里的水，只要你想去挤，总是有的”。我们尽可以充分地利用临睡前和起床后的一部

分时间（不超过 10 分钟，最好是三五分钟）去回忆所学的重点，并利用一两分钟去查笔记或书本来补漏改误。只要持之以恒，养成习惯，就会有所收获。需要注意的是，临睡前进行回忆的时间不宜过长，否则会因为思虑过度而影响睡眠，得不偿失。

（2）争论

争论是一种通过别人的知识体系来修改完善或否定自己所记信息的方式。其过程就是利用回忆起来的信息组构而成的论据说明论点的论证过程。在争论过程中，争论者进行积极的思维，重要的论据和论点可能被重复多次，并在不自觉中强化了记忆效果。

如果自己提出的论据站不住脚，被对方用可信服的论据驳倒，争论后还会因放弃自己的论点与论据而使大脑得以清理，将对方正确的论点与充分的论据及顺畅通达的论证过程记入脑中，使原有的经验得以更新。

争论能形成有利于记忆的热烈气氛，这种气氛有利于将分散的注意力集中，还能激发对争论问题的兴趣，也锻炼并提高了逻辑思维能力，对争论问题的记忆在大脑的两个半球协同合作中得到了强化，特别有助于事后回忆。

实际上，争论是一种特殊的回忆与言语记忆相结合的重复记忆的方法。有时能使不稳定的记忆和不可靠的记忆变成确实的记忆，还可使大脑中贮存的以往经验在争论中发展完善。记忆（过去的经验在大脑中的反映）的可变性在这里凸显出来，争论的可贵性也就在于使大脑冲出误区，获得自学所难以获得的真知灼见。

（3）背诵

背诵为什么能够强化记忆呢？

一是以回忆的方式温习已经学过的东西。

二是回忆和听觉记忆形成了合力。背诵时在回忆的基础上通过声带的震动发出表现情感变化的声音之后，旋即通过听觉收入大脑中，自然就加深了对背诵对象的记忆。背诵的次数越多，记忆越牢固持久甚至终生不忘。

三是大脑右半球参与了记忆活动。大脑右半球在背诵回忆起来的信息时也记下了出声背诵时表现出的情感——背诵中注入的情感越多，记忆就越牢固。背诵过的信息在日后需要取用时，大脑的两个半球就会同时被启动——各自将独有的优势发挥出来，通过协同工作，顺畅地将需用信息提取出来。

四是背诵能使分散的注意力集中。

五是背诵能使记忆持久，可以使背诵对象由瞬时和短时记忆转化为长时记忆，从而延长信息在大脑中的贮存时间。

背诵的要点，一是“见缝插针”，机动灵活，每次时间不必长，一两分钟即可，最长不超过十几分钟；二是要注入热情和志趣，不要为了背诵而背诵，否则变成了“有口无心”的机械运动，白白浪费时间。

5. 及时重复

首次重复的时间因人而异，也因重复内容的不同而有所不同。如同世界上没有指纹完全相同的两个人一样，每个人都有与众不同的记忆素质，所以，对同一贮于脑中的信息，若想保持下去，不同的人就会有不同的首次重复时间。

此外，由于贮存在脑中的不同信息的繁简难易程度不尽相同，每个人对贮存在大脑中的同一信息的陌熟感受亦不尽相同。

一般而言，在最佳时间里重复最难、最重要的信息；在中等佳度的时间里重复中等难度、中等重要的信息；在佳度较低的时间里重复难度相对较低的信息。这样的对应安排，可以在不同质量的记忆时段中获得最高的记忆效率。

对于没有养成课前预习习惯的学生而言，由于听课时具有首次识记的性质，进入大脑中的知识与大脑中原有的经验建立起来的神经联系还很不牢固，极易消失，所以更应该加大课后及时复习的力度，下课之后及时温习课堂上所作的笔记等。

6. 在实践中重复

俗话说“说一遍不如写一遍，写一遍不如做一遍”，人们自己做过的事情一般都比听说和看到的事情记忆得更加牢固。与简单的重复不同，在实践中重复是一种加大思维力度的“熟能生巧”的重复。

第四章

展开联想的翅膀，才能飞入超级记忆的殿堂

联想是一种思维形式，也是一种记忆方法，俄国生理学家巴甫洛夫认为：联想是由于两个或几个刺激物同时地或连续地发生作用而产生的暂时神经联系。他还指出：记忆要依靠联想，而联想则是新旧知识建立联系的产物。旧知识积累得越多，新知识涉猎得越广，就越容易产生联想，越容易理解。

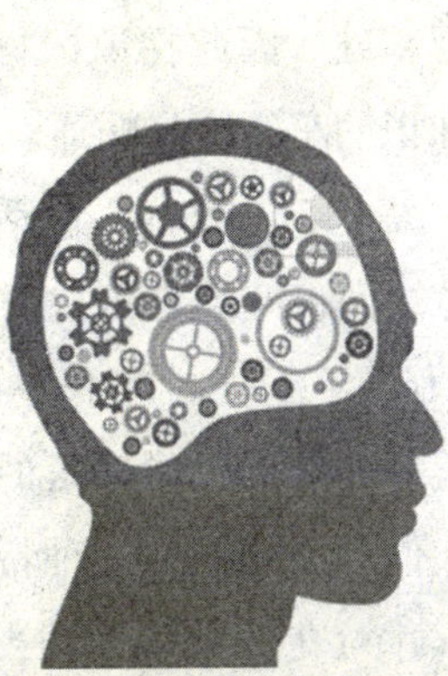

一、联想是记忆的基础，帮助我们创造辉煌

联想是在头脑中从一件事物想到另一件事物的心理活动。靠着它，每个人把输入大脑的信息穿串编辫，构成记忆的网络；靠着它，每个人从记忆仓库中查找所需，并顺利地提取出来。它具有光的速度——超越古今，横贯宇宙；它具有神奇的色彩——变幻万态，莫测高深。同一个语词，成千上万的人就会有成千上万种联想；同一个人，对于不同的概念又有不同的联想方法。如果抓住联想的规律，学会联想的方法，不但有利于巩固记忆，而且有利于迅速回忆。所以，有人说，联想是一种好武器，它能够帮助我们打胜记忆仗。

大家知道，客观事物虽然形态各异，质量不同，但相互之间总是存在着千丝万缕的联系，尽管有的是直接的，有的是间接的。同时，许多事物又存在着程度不同的共性，这些就提供了联想的客观条件。在我们的头脑里，脑神经细胞也不是孤立的，它们之间交织着稠密的神经网络，大脑皮层上建立的暂时神经联系也结成错综复杂的联结锁链，中枢神经暂时联系的规律，构成了联想的主观基础。因此在识记材料与大脑之间，联想能够架起一座座桥梁，以保证知识的车辆往来畅通。

在《文心雕龙·神思》篇里，有这样一段话："寂然凝虑，思接千载；悄焉动容，视通万里；吟咏之间，吐纳珠玉之声；眉睫之前，卷舒风云之色……"这就是联想的威力，它不受时间和空间制约，可以想到千年之前，万里以外；可以想到美妙的境界，像珠玉的圆润；可以想到壮丽的景色，像风云的舒卷……诗人们利用联想的这种特性，写下了无数篇绚丽多彩的诗篇。仅举辛弃疾的《木兰花慢》（"可怜今夕月"）一词为例：

可怜今夕月，向何处，去悠悠？

是别有人间，那边才见，光影东头？

是天外，空汗漫，但长风浩浩送中秋？

飞镜无根谁系？姮娥不嫁谁留？

谓经海底问无由，恍惚使人愁。

怕万里长鲸，纵横触破，玉殿琼楼。

虾蟆故堪浴水，问云何玉兔解沉浮？

若道都齐无恙，云何渐渐如钩？

这首词是稼轩中秋饮酒赏月之作，你看，眼望一轮圆月，词人都联想了些什么？针对“今夕月，向何处”的问题，他想到是否“别有人间”，是长风送走，还是沉入海底？接下去他又想，长鲸会不会触破月宫？蟾蜍“浴水”还可以，玉兔怎么办？如果都没问题，为什么圆月渐渐变为月牙了呢？你看，这是多么奇妙有趣的联想啊！

不过，联想并不是无缘无由，也不是异想天开，即使是“奇特联想法”，也有一定的规律。为了使你能有效地训练联想能力，下面向你介绍联想的几个基础。

（一）事实基础

事实基础就是联想要源于生活。谁都知道：天生的聋子无法想象音乐的优美，天生的盲人不能想象风景的秀丽。比如一个小朋友不知道“哥德巴赫猜想”是一道著名的国际数学难题，不理解什么是“皇冠”，那么他就无法进行二者之间的联想，也不能理解陈景润攻克“哥德巴赫猜想”是摘取“皇冠上的明珠”。

（二）思维基础

联想能力的强弱主要取决于思维的广阔性和灵活性。在识记材料时，能够从多方面考虑，灵活地进行形象的思维，联想就一定又丰富又生动。宋代画院曾以“踏花归去马蹄香”为题考试，有一幅画被公认为夺魁之作，画面上只有一匹奔马，马蹄旁画了两只飞舞的蝴蝶。妙笔传神，成为佳话。这就是那位画家思维灵活、联想丰富的结晶。

（三）观察基础

能否恰当地展开联想，与一个人的见识是否广博，观察是否深刻密切相关。要增强自己的联想力，就必须注意观察生活。在俄罗斯土地上，牛蒡花随处可见，人们都司空见惯了，然而，托尔斯泰看到一枝被车碾过还倔强生长的牛蒡花后，浮想联翩，从坚韧的牛蒡花联想到传说中的高加索英雄哈泽·穆拉特，因而构思出并创作了中篇小说《哈泽·穆拉特》。可见，观察对联想有多么重要的意义啊！

（四）记忆基础

联想与大脑中已有的记忆网络有直接关系，头脑中积累的材料越多，联想越容易，越巧妙。正像仓库一样，仓库越大，库存物资越多，提取也就越方便。一九三四年，《大公报》社评声称，“中国人失掉自信力了”，鲁迅先生非常气愤，由此而产生一系列联想：两年前有人“总自夸着‘地大物博’”，不久又“只希望着国联”，后来则“改为一味求神拜佛”，由此说明国民党一伙曾有过“他信力”，正在发展“自欺力”。接着，鲁迅又联想起我国历史上那些埋头苦干的人，拼命硬干的人，为民请命的人，舍身求法的人以及当时社会里那些有自信、不自欺的革命战士，从而写出《中国人失掉自信力了吗?》一文，批驳了谬论，讴歌了以中国共产党人为代表的革命者。请看，没有大量的记忆贮备，能够产生这么丰富的联想吗！

回忆常常以联想的形式出现，所以在识记时形成联想极有利于回忆。例如我们要记一个工厂的厂址，可以联想到它在哪条大街，邻厂叫什么名，联想到该厂大门的形状，‘厂内熟人的情况等，这样在回忆时就容易些。十九世纪末的美国心理学家威廉·詹姆士说：“一个事实，在心中越是与其他大量事实发生联想，就越能很好地记住，留在心中。每一个联想的事物是钓鱼钩，应该记住的事实则吊挂在其上。当记忆从表面沉入时，钓鱼钩成为将它吊起的一种手段。”的确如此，实践证明：尽量多形成和利用联想，是增进记忆的一种诀窍。

联想中还有个值得注意的现象，就是旧知识存在着联想优势，新知识存在着联想抑制。苏联心理学家做过这样的实验：要求六年级学生解题：一台挖土机装土 21 吨，土比重为 15 克/立方厘米，问该挖土机可装多少容积土。结果，20 名学生中仅有一名合理地选用了吨/立方米，其余学生均沿用克/立方厘米。他们总结，这是多次沿用的计量单位在解题联想中占了优势，抑制了合理的计量单位名称造成的。他们认为，应该培养学生灵活联想，防止惰性联想。当然，新知识的联想抑制的出现，也往往含有心情紧张，疲劳过度等因素。

二、接近联想法，让记忆告别尴尬

接近联想是由于客观事物在空间上接近、在时间上同时或连续而建立起来的一种联想。大千世界，万事万物，绝没有孤立无依的，仅就空间和时间来讲，也必定与他事物有相互联系。利用事物的这种相互联系，可以使识记材料向大脑中输入时多了条通道，往外提取时也多了条途径。

大家都有这样的经验，一见到铁轨就容易想到火车，一说到杭州就容易想到西湖、灵隐寺，一提到人民英雄纪念碑就容易想到天安门和毛主席纪念堂，因为它们在空间上接近；一提到五四运动就容易想到建党，一提到北魏建国就容易想到西蜀和东吴建国，一提到秦始皇焚书坑儒，就容易想到陈胜吴广起义，因为它们在时间上接近。一般来说，空间上接近的事物，感知时间也必然相接近；感知时间接近的，空间距离也常接近。所以，空间联想和时间联想是经常交织在一起的。此外，还有大量的接近联想是地域与人物，时间与建筑，动物与植物，动物与人物，人物与植物，国家与物产……比如：一提到朝鲜战场就会想到黄继光、邱少云、罗盛教；一提到 1949 年 10 月 1 日就会想到天安门广场；一提到熊猫就会想到竹笋；一提到马群就会想到牧马人；一提到园丁就会想到百花争艳；一提到科威特就会想到石油……

我们背诵一首诗或一篇文章，可以按照接近联想的规律去进行。例如记杜甫《绝句》一诗：“两个黄鹂鸣翠柳，一行白鹭上青天。窗含西岭千秋雪，门泊东吴万里船。”这首诗里，“黄鹂”与“翠柳”接近，“白鹭”与“青天”接近，“西岭”与“千秋雪”接近，它们之间有着密切的关系，并且识记时又是相连诵读，所以，容易在头脑中形成接近联想，一背出“黄鹂”，自然由此及彼联想到“翠柳”，“两个黄鹂鸣翠柳”便顺口而出了。

从空间上，往往可以从彼此接近的事物上相互联想起来。比如：有时一下子想不起一个很熟的成语，它明明是一篇文章上见过的，当时还细细品味了一番，甚至连它在文章中的位置都能回忆清楚，你说恼人不恼人。怎么办呢？想一想这个成语所在部位的前后是什么内容，这个成语大概起什么作用，表达什么意思。这样进行联想，往往就能很快地回忆起这个成语来，豁然开朗，脱口而出。

从时间上，因为两种事物的时间接近关系，往往可以从甲事物联想到乙事物。比如你曾在书店门前目睹了一场车祸事故，后来，交通大队找你调查，询问你发生事故的具体时间。当时，你没有记时间，怎么办呢？你可以对发生事故的时间做联想。事故发生在下午，那么，那天下午都做了些什么呢？怎么会见到那场车祸的呢？……对了，那天下午看了一场电影，是外国片，名字是《义侠佐罗》，还有加映片。电影是下午1点开演，3点10分演完——因为当时看表了。从电影院步行到书店约10分钟，就是说，发生事故的时间在下午3点20分左右。这样一联想，你就可以有把握地回答了。

教学实验证明，运用接近联想可以使学生牢固地记住所学的知识。我国著名儿童教育家孙敬修在给儿童们讲什么叫国家，什么叫世界时，就运用了接近联想法。他从小朋友家讲起，左右邻居住的一长排房子叫胡同或街道，许多街道合起来叫区，许多区合起来叫县或市，许多县、市合起来叫省，许多省合起来叫国家，各个国家合起来叫世界。这样，通过由此及彼的联想，把抽象的概念变为形象思维，从而使儿童对国家和世界有了粗浅的概念。

在识字的时候，也可以根据汉字本身的规律，运用联想的方法。如教煸、牢、森、埋、眇、咩、擤等会意字，可分析字意，构成联想：火高为煸，烈火燃烧的样子；房中有牛为牢，意思是养牲畜的圈；三木为森，森林的意思；土里为埋，少目为眇，羊口为咩，手鼻为擤。在教酵、嗍、锔、僦、诔、睹、溯等形声字时，可根据形旁表意、声旁表音的规律建立联想，这样，往往能取到举一反三的效果。

学习历史时也可运用接近联想法。如建党是1921年7月，第二年7月召开中共二大，第三年6月召开中共三大，这三次会议相继召开，间隔都是一年，只要记住党的生日，二大三大便可联想而出了。再如1927年是多事之秋，第一次国内革命战争失败。这一年，发生了三次反革命政变和三次起义。三次反革命政变是蒋介石“四·一二”政变，许克祥“马日事变”，汪精卫“七·一五”政变；三次起义是周恩来、朱德等领导的“八一”南昌起义，毛泽东领导的九月秋收起义，张太雷、叶挺、叶剑英等领导的十二月广州起义。只要记住一个年代，从时间接近，从事件性质接近就可以想到三次政变和三次起义了。

三、定位联想，总能让记忆产生奇迹

日常生活中，比如那些能将台词一字不漏地背诵的演员，他们就利用舞台布景的象征增强记忆。不仅仅是演戏，在其他行业中同样可以运用定位联想记忆。比如，当你对某一段路线了如指掌时，便可利用它来记忆一次演说。虽然不可能记住每句话，每个字，但却能牢记演说的根本内容。比如，可在听到的句子与路线的段落之间作快速联想，其中某些联想可能牵强附会，但令人吃惊的是，许多演说内容因此轻而易举地追忆起来了。举个例子吧，当你要面向同学们谈论世界经济危机时，你就可以联系到今天的早餐。而当你要大谈人口问题时，你就可联系到坐车时熙熙攘攘的人群。

只要掌握了记忆技术而又坚持练习，完全可以达到这种神乎其技的水平。别忘了下面的技巧哟！

（一）地点形象化

通常，为了能把一篇文章的内容与地点联系起来以便增强记忆，首先必须使这些地点在想象中清晰可见。

这就要求我们寻找一些非常熟悉的地点，能在想象中看到它们发出的亮光，知道它们存在的准确位置。例如，这一地点是墙角，在某个房间门口的右边，与门处在一条平行线上，离墙角不远处，有一个清代流传下的一幅图画，而在它旁边平放着一把椅子，椅子上方的墙上有一副对联。当把一个字或一个句子成分与这个墙角联系起来增强记忆时，自不必把墙周围的一切东西都拉扯在内，但在想象中应当看到这一切。而且，人们在想象中对使用的地点看得越清楚，对于与这一地点相联系的字或句子就可能记得越牢。这一切都是不言而喻的。

（二）运动中创造记忆

在记忆具体文章时，我们必须要灵活地随着文章内容的逐步发展进行记忆，沿着路线前进。显然，必须善于利用从一个地点到另一个地点的过渡，作为连接文章两部分的最好中介与中转站。另外，我们要把握好记忆的方向，并在想象的空间运动中像缫丝一样，连续不断地抽出挂满记忆内容的链条。

这里还必须重复一句，当你在准备想象中的地点和前进的路线时，最好选择自己完全熟悉的房子或套间。一位前苏联记忆冠军也正是因为善于利用莫斯科的街道作为空间记忆练习的路线，在记忆界中颇享盛名。

而当路线选定之后，首先要记住的是路线本身。在这条路线上，既不应在两个房间之间，也不应在两个墙角和两件物品之间产生任何犹豫不决……然后，必须牢记“附着体”，即将要挂词语和句子的地点。甚至文章中结构严谨的段落，也可挂在附着体上。所谓结构严谨的段落，也就是只要想起第一个字，整个段落便跟着自动浮现在脑子里。另外，我们一定要实地复查选定的路线，在复查时，只看已决定作为“附着体”的对象，并将其牢记在心。

当一切搞定后，你所要做的便是联系路线上的标记来放开思路做一次神游演习。在演习中，行动要果断，看见某一扇门打开了，自己穿过楼梯平台；又看见了某一物品，另一物品就在旁边；沿着某一方向穿过房间；最后向左边的窗子张望等。

当你形象而巧妙地把每个记忆内容附着在路线上的地点和物品上时，主要是找到个人联想。在使用这种记忆方法的初期，尤其如此。然后，这种形式上的联想逐渐减少，直至不再需要。这已证明你达到了一个全新的高度了。

在做这件事时，切勿操之过急。比如，我们只有在路线选定之后，并在面对路线上的一个地点和一项记忆内容时，才去考虑如何通过顺理成章的中介把两者结成一对，如同一贯采用的偶数记忆法一样。这样做，效果才会更好。因为这些偶数显然就是这种记忆法的载体，而当想起偶数的第一个成分时，另一个成分会自动出现。追忆中的全部困难在于如何想起第一成分。既然我们的第一个地点是已经完全熟悉的，其余的记忆困难是记忆材料如何连续浮现在脑海中的问题。

同时，一定要注意逻辑，人走路，既不可能同时前进和后退，也不可能同时向右看和向左看，只能沿着空间的道路曲折前进。如果洗澡间在二楼，可沿着楼梯走上去。残疾人则经电梯上去。总之，熟记路线是特别容易选择的。如果是简单记忆活动，便可缩短路线。实际上，只要更换偶数的一个联想内容就可以了。

（三）时时更新记忆载体

对于那些始终使用同一条路线的人来说，当他们紧张地运用地点记忆体系时，唯一的缺陷是联想可能受到干扰。实际上，任何学得很好的知识，都难免受到其相近的知识的干扰。举例来说，一个人刚刚学好英文，就很难紧接着学好法文，因为这两种语文太相近了，英文词汇总是来强占法文的位置，妨碍法文进入记忆中。同样，如果有人已把一句话牢牢地附着在冰箱上，在他学习一篇新文章的过程中，又想借助冰箱增强另一句话的记忆时，原来附着在冰箱上的那句话，会产生排斥反应，这在无形中增加了他记忆的区分难度。

因此，为了避免这种干扰，要设法不断更新增强记忆的载体，寻找尽可能多的窍门。其中，更换新的记忆路径是最好的选择。

这样，采用地点记忆法，能在记忆速度、长度和可靠性等方面创造奇迹。但正如前面所建议的那样，这在无形中增加了他记忆的区分难度。必须勤奋练习，从短文章开始，耐心阅读和分析。并随着水平的提高，逐渐加大难度，坚持练好基本功。

经验证明，一切失败，不外乎两个原因：一是对路线情况了解不够；二是偶数联系不够紧密。因此，在采用地点记忆法时，切不可草率从事，初练时期，尤其要一丝不苟。

（四）加强空间记忆力

当人们说："我知道或看到某件事"的时候，他们正在自发地使用其空间记忆力。当人们补充说关于这件事的新闻登在某报的"左栏上，整整一栏"时，他们也正在借助空间记忆力，回忆新闻内容。

而空间记忆力就是视觉记忆力的一种特殊形式，它可用于图表记忆，虽不像洛西记忆法那样引人注目，却适用于对小量材料的记忆。

采用空间记忆法必须做到这样几个步骤：

首先，把要记忆的内容排列在一个真实的图表上，然后，把整个图表变成想象的东西，以便把记忆内容组织在空间中。

当然，名单始终是最有效的锻炼记忆法的材料，无数经验也证明了这一切。如要记住我国各省的简称，如京、沪、津、鲁、湘……先把这些简称按顺序放人一个空间图表中。一分钟后，请合上书本，重画这一图表，看能否记住这些省的简称？如果有未看清之处，再细心看一下这张图表，足可以记住了。而且一周之后，保准仍能记得清清楚楚。

如果这种抽象的图表令人厌烦，还可以把这些简称按顺序排列在一棵树上，只要使这棵树有规则可寻即可。比如，这棵树有树干、三条主枝、每条主枝又有三根叉等。可在树根旁放一个简称，在树干上放第二个简称，在三条主枝上各放一个简称，其余简称依次放在树杈上。这样做，无疑起到了事半功倍的效果。

四、读懂事物本质，类似联想让记忆稳步递增

类似联想是由于客观事物在现象上或本质方面有类似之处而建立起来的联想。类似联想必须是合乎逻辑，忠实于现实。传说中鲁班发明木锯是受茅草割手的启发；医生叩诊是奥地利医生奥思布鲁格受叩木桶估酒量的启发；纺纱机的发明是哈格里沃斯受纺车倾倒后纺锤直立的启发……很多发明创造都是这样，都是在现实生活和自然界的启发下，发明者运用类似联想后获得成功的。巴甫洛夫曾形象地比喻说："无论鸟翼是多么完美，但如果不凭借空气，它是永远不会飞翔高空的。事实就是科学家的空气。你们如果不凭借事实，就永远也不能飞腾起来。"类似联想也是这样，失去了逻辑的基础，就无法进行。

类似联想可以按照外部的、表面的特性，例如：江河湖海，铜铁锡铅。也可以按照内部的、本质的特性，例如：刀枪剑戟（古代兵器），锛凿斧锯（木匠工具），楼台亭阁（建筑），雾雨雷电（自然现象）等。

学习几何时，可利用类似联想法。如识记平行四边形面积公式，可以把平行四边形同三角形联系起来。运用类似联想，可以看出，一个平行四边形正好是两个全等三角形，而三角形的面积是底乘高除二，那么，平行四边形的面积公式就是两个"底乘高除二"，二二抵消，即得出"底乘高"了。从相似点的识记入手，记平行四边形面积公式就容易多了。

古今中外许多著名诗人都长于类似联想，将其运用于诗作之中。如李白的《静夜思》，由"床前明月光"联想到"地上霜"；《秋浦歌》中，由"白发"联想到"秋霜"；《赠汪伦》中，由"桃花潭水"联想到"汪伦送我情"；《送友人》中，由"浮云"联想到"游子意"，由"落日"联想到"故人情"……在背诵诗词中如果能细心地注意和分析诗中类似联想的关

系，必将给你留下较深的印象。

很多谚语能脍炙人口，广泛流传，也得力于类似联想。例如“绳锯木断，水滴石穿”，“书山有路勤为径，学海无涯苦作舟，”“节约如同针挑土，浪费如同水推沙，”“生产好似摇钱树，节约犹如聚宝盆”……恰到好处的联想生趣盎然，使人经久难忘。

五、对比联想可以在潜移默化中延展记忆的宽度

对比联想是由于客观事物存在着对立性而建立起来的一种联想。

客观世界普遍存在着矛盾对立，事物都是相对存在的。对比联想反映了识记对象之间的这种对立性，我们可以据此进行记忆。比如，由唯物论想到唯心论；由出生想到死亡；由正确想到错误；由幸福想到痛苦；由胜利想到失败……利用事物内在的对立统一关系，可以帮助我们从一个方面回忆起另一个方面。两个相反的对象，只要想到一个，便自然而然地会想出相对的那个来。

我们在学习数、理、化知识时，可以把那些各自彼此对立的定理、公式和规律归纳到一起，以便用对比联想帮助记忆。例如，在记忆圆锥曲线时，对于椭圆双曲线和抛物线的定义、方程、图形、焦点、顶点、对称轴、离心率等性质，可以用对比联想去记忆。再如，正数和负数、微分和积分、乘方等概念都是对立的，运用对比联想法会收到良好效果。

诗词中运用对比联想，往往能产生强烈的艺术效果，白居易的诗作中有很多篇章运用了对比手法。如在《歌舞》一诗中，一方面是“朱轮车马客，红烛歌舞楼；欢酣促密坐，醉暖脱重裘。”而另一方面则是“岂知阌乡狱，中有冻死囚！”在《买花》一诗中，一方面是豪门贵族相率买花赏玩：“贵贱无常价，酬值香花数：灼灼百朵红，戋戋五束素。”而另一方面则是“一丛深色花，十户中人赋！”从剥削阶级的奢侈浪费，联想到劳动人民的悲惨生活，对比多么鲜明！印象何等深刻！在背诵这些诗篇时，起码奠定了感情的基础，增进了理解的深度，从而为牢固地记住并顺利地忆

出这些诗句开通了一条捷径。

诗词中大量运用对比联想之处，莫过于五律、七律中的颈联和颔联了。试举杜牧七律三例：

牧羊驱马虽戎服，白发丹心尽汉臣。

（《河湟》颔联，意思是：河湟百姓尽管身着异族服装，处境艰苦屈辱，但他们的心却没有被征服。以外表与内心对比。）

青苔寺里无马迹，绿水桥边多酒楼。

（《润州二首》颈联，意思是：先朝遗寺荒凉冷落，河边酒楼盛景繁荣。以一衰一盛对比。）

君意如鸿高的的，我心悬旆正摇摇。

（《宣州送裴坦判官往舒州，时牧欲赴官归京》颔联，意思是：行者踌躇满志，乐观开朗，送行者空虚无着，怅然若失。以二者心境对比。）

这类诗句对仗工整，对比鲜明，形式上一目了然，意义上深切感人，这是很有利于记忆的。

六、逻辑联想，让记忆不同凡响

“逻辑”一词最早称为“逻各斯”，来自古希腊，它强调的是物与物之间的联系。比如，由因到果，由果到因，或者由一因到多果或多因到一果；另外，大部分事物均有其对立面，如好的对立面是坏，白的对立面是黑，动的对立面是静，生的对立面是死，等等；每个事物都是其他事物的一部分，现代著名作家冰心有这样一首诗：“我在母亲的怀里/母亲在弯弯的小船里/小船在月明的大海里/大海在天边的宇宙里。”运用的便是逻辑联想。同样，儿童喜欢说：“我的皮球在盒子里，盒子在柜子里，柜子在房间里，房间在屋子里，屋子在城市里……”瞧瞧，这样推下去是多么有趣的事情啊！

思想是建立在逻辑联想基础上的大脑工作，它无所不在。而且，一切事物以必然的逻辑方式同其他事物相联系，一个有逻辑的联想主题具有一切机会引出其他主题。例如，手机定时的后果是在既定的时间内发出响声，响声的后果是按时唤醒睡眠者。这一切养成习惯后，人也就自然养成习惯了。

不过，问题也就从中产生了，既然逻辑是一切思想的必然，为什么还要操这份闲心呢？为什么还要进行练习呢？读者朋友们，别忘了，过分地依赖人为的习惯逻辑，只会培养思维上的惰性。人的思想也会一成不变，墨守成规，逻辑思维机制陷入停顿。相反，如果要记住某件事，就要开动逻辑思维机制，使这件事与已经知道的事“挂上钩”，这种记忆是很有效的。为此，我们必须把握下面几种重要的逻辑关系：

（一）整体与局部的关系

我们不妨给自己定个任务，在一天内观察 20 个对象，找出每个对象是其他事物的一部分的标志。

比如，如果看到旁边有一位年轻人正在读报，便先自言自语地说出这张报纸是新闻的一部分，还要设法分辨出这张报纸是日报还是周报，以便确定它是日报的一部分还是周报的一部分。

到了晚上，在记下白天的收获时，还可进一步从部分联想到整体，比如新闻是舆论工具的一部分，舆论工具又是信息的一部分，而信息又是人类知识的一部分……

其实，只要你用心去联想，便会发现练习其实很容易，只是还需要通过逻辑联想练习加以巩固。如在第二天又继续观察 10 个对象。例如，汽车是由部件构成的，包括车轮、车灯、车门等。如果观察一辆小轿车，要同时观察其它组成部分，比如它的车牌、颜色等。如果听一次交谈，在听到的谈话中有无动词或有无形容词？谈话的人是否说：“我”。并牢牢地把一个个联想记忆在心里……到夜晚，便会清晰而自然地重新想起整个的观察对象。

（二）原因与后果的关系

显然，这种练习要求立即为自己看到的事情找出其发生的原因。比如，一位漂亮女生后面总会跟着几位忙前忙后的男生，那么这位女生便是男生忙碌的原因。

类似的例子还有许多，比如，当你回到办公室时，发现桌子上有张便条；这自然是有人把便条放在你桌子上。

看了便条，你稍加思索便会找到有人放便条的原因。

原因训练要求是：在一天内找出20件事发生的原因。

在经历了上述原因训练后，我们再看看后果关系的训练。比如，某一个少年不走人行道，任意穿过车水马龙的大街，并且边走边跳。其后果是显而易见的，早晚有一天，他会出车祸的。

当然，事情的后果并非容易被发现。只有能立即找出事情的后果，练习才有效益。要选择一件难以立即找到后果的事，记在脑子里，等到晚上，再从容地通过联想推断其后果。

（三）对立与统一的关系

这一关系的逻辑训练十分有必要。当然，要找出事物的对立关系的练习，比较困难一些，因为一件事情往往有几个对立面。以一个小女孩为例，她的对立面是小男孩，还是老太太？2003年美国总统布什又面临竞选总统的大选，而此时反恐之战进行得如火如荼，他既要与民主党打选战，又要与基地组织的恐怖分子打反恐战，他的对立面是谁？要很快做出决断，在两者中间选择一个最满意的答案。越善于做这类联想的人，脑子里浮现的联想越多，越必须尽快地做出抉择。

当然，布什总统与恐怖分子是势不两立的，但如果反恐之战进展顺利，美国人安全感有保证，反过来就有助于布什竞选连任总统。

总之，无论你选择哪种逻辑训练方式，都必须反复练习，才会有效果。因此，必须善于做逻辑联想，经常有步骤地选择这种或那种形式进行联想，或者对同一个观察对象，从不同角度做不同形式的联想练习，这样做一定能取得惊人效果。

生活中随时随处皆可见对立联想的例子，比如，有一天你在一家商店的橱窗内放着一件羊毛衫，那么试问：它是橱窗内整个陈列品中的一部分还是其他事物的一部分？这件羊毛衫是由好几部分做成的，有袖子、领子……还有什么？它被陈列出来的后果可能是什么？这件羊毛衫的对立颜色可能会是哪些？

当养成这一良好的追根究底的习惯后，人们会自动提出这一切问题，并迅速找到答案。这时，你只要跟以前的与你记忆水平差不多的朋友一比较，你便会惊讶地发现，自己已超出了别人许多许多。

七、“自由”联想，助力记忆天马行空

正所谓天马行空，独往独来，这便是“自由”联想法。我们可利用一天内的几分钟的空闲时间，做一些“自由”联想。这是超现实主义者热衷的活动，因为把随便两种无任何关系的东西联系起来想。常常会产生一些意想不到的想法。

可别小看这种随意行为，它不但让人感到快乐无限，而且取得自我发挥的自由！实际上，如果联想机制始终封闭在相似联想、毗连联想、逻辑联想等规则中，就有使其联想能力贫乏之虞。对联想机制，必须既能按规则加以控制，又能破除一切规则的框框，任其自由发挥！这，才是联想的最高境界。

而对于人类的精神世界来说，这种自由联想与各种有条件联想之间表面上的矛盾并不起干扰作用。一切艺术创作来自两种态度，即使想象力摆脱一切牢笼，有时任其狂想，同时又严守有关艺术形式的规则。联想工作与艺术实践极为相似，既必须照规则行事，又听任想象力自由发挥。这才是我们最为感兴趣的。

不过，万事开头难，人们可能出现以下几种现象：本想用第一念头联想，然而出来的却是以前的念头，并一个接一个地到来；或者念头停止出现，思想陷入真空；或者联想并不自由，而以逻辑方式一个接一个地连续进行下去。这一切可让人猝不及防。

为了能让自己的自由联想能最好的发挥，我们不得不去做下面这些相应的准备。

首先，在开始练习时，必须以一个对象、一个念头、一个回忆、一个形

象等为起点。例如，人们想树木，或想选举，并紧接着说一个字，脑子里浮现一个形象；然后，紧跟着这个字、这个形象、这个念头，再急忙说另一个字，便什么也不再想，只把浮现在脑海中的东西记在纸上，想什么就记什么，不要看记了些什么。另外，还必须把握好联想的时间，千万不可太长。

可在一日间进行两三次练习，每次不要超过 5 分钟，两次间隔一周左右。在一周之后，再观察上次写的东西。人们将发现，一次比一次写的东西都稍多一点，尤其是写的内容越来越离奇。

而当自我感觉能够控制这些想入非非的思想活动时，便可以将自由联想时间稍加延长。如果有兴趣更深刻地了解自己，当在自由联想时所写的东西积累到一定数量时，便可以认真地重读一遍。这样，人们很可能会发现，自从开始自由联想以来，我们已经能程度不同地把自己的观念、形象与内心深处的思想、愿望、恐惧联系起来了！而自己对这些内心深处的东西本来是不愿意说出来的。

这一方法的奥秘是如此妙不可言，因而，当逻辑不再存在，再不能控制人们的观念时，埋藏在内心深处的思想，即逻辑思维控制恰恰不予接收的思想，终于获得了表现的机会。显然，自由联想已开辟了人们称之为无意识境界的道路。学会随心所欲地打开这条道路，是十分重要的，因为最大量的记忆恰恰埋藏在人们的意识之外。人们在生活中往往苦于不会有意识地唤起这些记忆，而善于从事自由联想的人，却知道怎样打开意识表层与内心深处的神秘通道。

自由联想不应在练习中代替逻辑联想。因为，所有这些联想机制都是相辅相成的，按照当时的神经活动交替使用，因此，我们必须继续观察练习，必须抓紧时机继续“串连”各种联想的珍珠。

八、物象联想，犹如桥梁把信息输入到脑细胞内

我们一切记忆的基础均与联想有关，这里所说的联想，就是连接物象的联想，掌握了这个联想的法则并加以应用就是记忆术。

（一）观念与体验的联想是记忆的基础

在增强记忆时，联想是连接在“意图”、“注意”、“意义”之后产生的。联想是把前后各项结合成为统一体的。通过某几个观念巧妙地联想，记忆可以得到满意的加强。通过联想，在心中把思维联系起来。结果，某一种思想可以与之相结合的其他思想就能在心中再现。例如：在学习世界地理时，为了记住意大利半岛的形状，你可以在心中描绘一个长筒靴，就是这个道理。

又比如，问瑞士和法国国土是什么形状？能即时回答出来的，只是很内行的地理通。一般人不知道，那是不足为怪的。然而意大利的形状则一般人都知道。这是为什么呢？因为如人们说的它像个长筒靴，而长筒靴又是人们所熟悉的形状。把它与意大利的形状联结起来，人们就总也忘不了啦。

心理学家哈利·罗莱因先生说：“记忆的基本规律，就是把新的信息与已知的事物进行联想。”

遇到陈静先生时，为了不忘记叫他还书，于是就想象熟知的陈静先生的脸相，设想在他的脑袋上，放上他要归还的那本书的物象。这样，在一旦见到他时便想起来了。

为了不忘记传达“科长回来的时候处长有请”时，该怎么办呢？这只要想象科长在处长面前点头哈腰时的情景就可以了。这样，一旦见到科长时，马上就会想起来。这是由于利用了一个思维唤起另一个思维的原理，把两件事用物象联结起来的缘故。

可是，我们自发地进行的联想，多半是非常散乱的、漫无计划的。常常有这种情形，看到舢板，就想起了忘记领出差费；和人进行无关的谈话时，不知为何会突然想起了忘记给交易对手打电话。

所以，把这个联想加以系统化，就可以成为记忆的工具，能够使记忆力增进几十倍。

方法是先通过具体的有形的东西来做联想的练习，以掌握基本要领。接着再把思维、概念之类的无形的东西加以物象化。

物象法不单对增强记忆力有帮助，在运动技术的练习中，也能收到与实际练习同样的效果。有人曾举过下面的例子。

把篮球的罚球训练分作下面的三个组进行。

A组进行了20天，每天20分钟的实际练习。B组这20天里什么都没有练。C组在这20天里每天只练投篮的物象动作。

然后再把各组的第一天和第20天的得分加以比较。

流了汗的A组得分率提高了24%。什么都没做的B组，当然毫无进步。只练习物象动作的C组，得分率提高了23%。

可以说这是惊人的成果。这个物象训练法，称为“心理排练”，现已渐次被各界所采用。只要弄通这个诀窍，那就好极了。不管是在上班乘坐的电车里，也不管是在被窝中，都能够进行打高尔夫球和游泳的物象化练习。

那么在那种用头脑比赛的场合怎么样呢？美国《读者文摘》杂志曾登载的约瑟夫·费立普斯的《国际象棋——人们把它叫作比赛》一文中说：国际象棋好汉中最强的恰帕布兰卡，被近乎无名的选手阿尔卡因夺走了冠军。究其原因，据说是阿尔卡因在与恰帕布兰卡决赛之前，稍稍改变了一点战术。他跑到乡下去，戒了烟、酒，通过体操活动做好了赛前的身体准备，在脑子里专门作了针对国际象棋赛的物象训练。

围棋和象棋的能手们，也都利用这个物象法。如前所述，把招数和过去的棋谱牢牢地记住，不断地在脑子里描绘它，在没有棋盘和棋子的地方也能从事训练。

据说世界著名钢琴家阿尔托尔·修那贝尔，当人们问他是不是比别人练习得少时，他回答说：“我在脑袋中练习呢。”

要使离奇的物象能够源源出现，头脑必须灵活。年轻的时候可以自由地表达思想，孩子们能够用奔放的想象力描绘出稀奇古怪的物象。但是加入社会组织的、富有阅历的大人，其判断力妨碍了想象，只能描绘出通常的物象来。

（二）用物象法记忆最有效

说到记忆，并不光是指记忆百位数字和英语单词，有时说的是身体

“记忆”。

患记忆丧失症的人会做出和普通人一样的动作。尽管有二十年没打棒球和高尔夫球了，身体却还能“记住”那些关键动作。正如人们常说的一句话，叫作“锻炼有素”。已经掌握的技术，即使本人想把它忘却，身体可仍然还“记得”。

练高尔夫球时，人家告诉你：球杆怎么握，打球姿势怎么样，臂肘姿势不对，膝盖不对……尽管你受到这种种指导，但一下子怎么也记不住。这时有个最有效的办法，那就是通过物象去抓住整体。

在高尔夫球教练中，被誉为泰斗的日本人小松原三夫先生，就是用这种物象法教学而收到成效的。比如在教立姿的时候，说腰要怎样，脚要怎样，反而使初学者得不到要领，小松原在教这个基本动作时，是这么做的。

“比如，地面上有一块大石头，要用两手把这石头抱到齐腰高。请实际做一做。”

“首先是姿势，臀部要稍微突出，两膝稍微弯曲，轻挺脊梁，作搬起一个很重要的石头的姿势。”

在搬起重物时，腰要尽量往上挺，而且两膝要往前弓，不能挺直。不这样，重物就搬不起来。

挥棒，是物象学习的另一课题。

“把橡皮下端固定住，把上端用力扭上去，这个橡皮就有一股还原的力。如果这时橡皮的下端没有固定下来——不用说，就会如同旋转木板一样，没有还原的力产生。”

“开始打高尔夫球时，从向后挥棒，到向下挥棒，可以说与这是一样的。”

“把人的身体看作橡皮，相当于下端的，就是身体的下半身，扭动的上端就是双肩。因为人身也是一块弹性体，上半身一转动，还原的力当然就会发生作用。”

从向后挥棒到向下挥棒，球棒甩得很圆滑，但打的球却大大偏右飞掉了，这样的事也不少。虽有种种原因，结果还是球棒的正面偏右所造成的。矫正的办法，是运用物象法，把球棒正面当作团扇，在撞击的时候，选择球棒正面挡风处接球。要做这样的物象练习。

当然，不光是身体运动问题。象棋和围棋复杂的棋局，看一眼就可把它全部记住的职业棋手，把很长的台词能流畅地背诵下来的演员，便都是不知不觉中使用了这一方法。

（三）用卡片进行物象联想的基本训练

进行正式的联想练习，只要利用单词卡片就可以了。

首先准备 50 张到 100 张单词卡片，在正面写上物品名、人名、地名等各式各样的词语。也可以从小百科辞典中适当地抽些词语写好。

把这些卡片都翻过来，像玩扑克牌一样把它们掺乱。然后，从中抽出两张作一组。在不太熟练之前，抽出十组就可以了。

然后两张两张地翻过来，做物象联想，想好之后又倒扣过去。把一组组都看完之后，看着一组中一张卡片的正面，记忆倒扣着的另一卡片的词语。

这样，把说中了的卡片放在一边，没说中的再做一次。越做越熟，说中的组数不断增加，不一会儿就能把 50 组都说中。

开始时以选择物品和动物的名字，即容易构成具体物象的词语为好。有了自信之后，就向抽象的难以浮现物象的词语挑战。

比如，把“记忆”、“学习”、“减税”、“艺术”、“石油危机”、“伊拉克危机”等词语作联想时就感到很难。

当然，这些卡片若不常常换写过，就记住那一点也没有用。如能从自己专业手册或小辞典中抽出词语来进行练习，就能收到一箭双雕之功效。

而且作这种练习不仅可以自己作，要是能请人帮忙，效果就会更为显著。因为自己做的卡片，会在某种程序上记住，易于构成表象。

让朋友或是别人说两个单词，同时把它用笔记下来。自己则很快地进行联想。做会之后要他说下一个组，这样反复练习了 20 来组之后进行测验。让对方念一组单词中的一个，自己来猜另一个。

正式的物象联想训练就是这样进行的。重要的是按着规律，把无论什么词语的物象，都能自由自在地迅速浮现出来。如果不把这基本点弄通，就跳不出仅能就特定事项“表演记忆法”的圈子。

总之，联想要奇特。哪怕是稍微想“这不是太不合理了吗?”效果都会减半。越能轻易地描绘出奔放无拘的物象的人，想象就越丰富。归根到底，这样的人才能充分发挥记忆力。

九、遗忘是正常现象，联想可以帮你防止遗忘

养成联想的好习惯，不仅有助于提高记忆力，而且有助于提高观察力、想象力、集中力、创造力。

试着养成记忆事物的习惯，就会感到过去没有进行观察是一件憾事。养成这种习惯，等于重现自己身边的事物，旅行时，也能帮助你发现美的东西、新的东西，给你带来一个新的世界。

（一）你健忘，是因为你没联想

在前章叙述过的联想的方法，可在日常生活中广为应用。

正在书斋里看书时，到隔壁屋子里接电话。打完电话回来之后想再看书，发现书没有了，心想一定是放在哪里忘记了，于是外出。刚一上公共汽车，又在担心，屋子的门上了锁吗？电视机的开关关上了吗？炉子的火熄灭了吗？怎么也想不起来，只好焦急地又返回家里。

这样健忘，是因为没有留意引起的。不是忘记了，是没有记清楚。要克服健忘，最有效的办法就要清楚地认识那个事物。公交司机能一一把自己的动作说出口来，原因就在这里。操作机械的工厂，实行责任到人，用以防止习惯性的下意识操作，消灭事故和差错隐患。

清楚地认识和记忆的有效方法是联想。联想不可能是下意识的。只有对那件事情好好观察、认识，在心里刻上物象才行。如养成无论什么时候都能即席联想的习惯，就会解决健忘问题。

拿刚才那个例子来说，去接电话时假定把书放在电视机上边了。这时

就联想在电视机的图像里，把书胡乱地丢，弄得一塌糊涂的样子就行了。雨停之后回去常有忘记拿伞的事。为了备忘，比如可以事先联想离开办公室时最后要做的一件事就行了。

邮寄书信、买东西、存放贵重品等，只要联想好有关这方面的事情就可以记住了。

假定把宝石放在抽屉里的毛衣下面，这时，你就去联想巨大的宝石穿着毛衣在跳舞。过后回想宝石在哪里时，立刻就浮想起毛衣来。离开家里，把炉火熄灭后，就作把头伸进炉子中看火熄灭的联想。这样在离家后想起炉子时，就能把这一表象重现出来，因而证明炉火确实熄灭了。

（二）联想最好是不合逻辑、荒诞离奇的

相传3000年前，古代埃及的文献《阿德·海莱谬》里有这样的记载：一般记不住司空见惯的琐碎的事情，而听到或见到新奇的、意外的、巨大的、低级丑恶的、无法无天的等一些异乎寻常的怪诞不经的事情，却能长时间地记住。因此，身边时常见闻的事，通常会放过，但对儿时发生的事件却永记不忘。

都是一样的看东西，常态的、司空见惯的事很容易从记忆中漏掉，而异样的事情，老是留在记忆里。这是不是违背常理呢？

事实上确是如此。我们在公司里接触的都是些身着西服佩戴眼镜的人，对这类来客印象淡薄。可是突然来了一位卖花的女孩和穿着怪异的推销员，对他们的印象就不是一下子可以消失的了。

比如把“汽车”与“木材”通过联想联结起来。用正常的联想所构成的图像就是载木材的汽车正在飞跑。这就显得很平常，不易留下表象。那么，设想超级大车拉着木材跑怎么样？或者是装上轮胎的木材正在飞跑，……这样一来，由于联想是不合逻辑的、相当离奇的缘故，给人的印象就深。

如果是“玉米”和“棒球”又怎样呢？天字第一号的选手吃玉米的表象也不坏，不过这是可能有的。要是想象让他扛着玉米棒子跳到球场来打球，那就生动而有记忆效果了。

当然合乎情理的事，它自身有容易记忆的方面。不管什么样的象棋高手，假如幼儿园的孩子跟他下棋，瞎走一气，也许他就无法记忆了。总之，过分自然的事，印象就弱。

再者，描绘离奇的、不合逻辑的物象，乃是一种创造性的活动。唯有作一番努力，才能够牢固地记在脑子里。

（三）寻找、创造有趣的联想

理解事物的最好方法是探索它们的关系。所谓关系就是，考虑一下想记忆的事物与其他事物有哪些相似，哪些不同，怎样才能在逻辑上与其他事物相结合。记忆单词时注意近义词和反义词，这不仅对记忆该单词有帮助，而且还能记住几个与此相关的词汇，得到举一反三的效果。例如：记忆 red（红）这个单词时，与 orange（桔色）、pink（桃色）等类义词联系起来记忆。这种场合使用好辞典效果更佳。因为好辞典中肯定注有 Svn（同义词）和 Ant（反义词）。这样，如果尽量创造出很多的联想，就能很好地理解，又能记牢。

这条规律对于记忆外语单词当然适用，对于记忆事物、观念也适用。记忆前应该努力理解该事物。理解事物时，注意与其他事物的关系是最好的方法。对于单词、观念、事件、人物的结合等越能找到关系就越能记住。因为“结合”或“关系”会经常在心中崭露头角，所以通过关系联想的单词、观念、事件、人物可以得到再现。如电影的剪辑方法，可以说是一个实例。卓别林的著名电影《摩登时代》开始的镜头是，羊群里的羊一只接一只拥挤着走进屠宰场，接着出现很多工人成群结队去上班的镜头。通过这两个镜头，观众可以抓住羊群与工人，屠宰场与车间这种类似的关系。这就是卓别林想说的“雇用问题”的意思。这样识记的有关“劳动状态”的概念，每当看到羊群就会联想起来。同时，看到上下班的人一个接一个地通过车站检票口时，一定会想起卓别林的《摩登时代》。

在解释复杂的科学规律时，运用比喻手法也是同样道理。技术人员利用水流与瀑布位能的关系来说明电流和电压，一谈到电流，就可能会联想到水流，同时也想起电压的意思。

增强记忆力的根本规律就是寻找或创造尽量清楚的、对自己有趣的联想。如果了解各事物间的相互关系，就能记住事物的主要内容。这是因为记忆和理解紧密相连。注意这些关系就能够充分理解。

（四）创造一个背景去联想

有时虽然很清楚，但还是怎么也联想不起来。有时创造出了联想，但怎么也联想不起来，这时该怎么办呢？吴伟士教授曾建议：

第一，"针对要记的事物，创造一个背景。"回想人名时，想一想见到那个人时的情况或分别时的情景都很有效。另外，想一想他做的事，说的话。这时尽量多使经历过的事情再现。有时，即使是微不足道的片段，也会对回忆姓名起一定作用。假若你把诗的某一行或引用文都忘了，就要想一想别的行。回忆一件事情时，想一想与它相关的其他事物，回忆某个单词的意思时，尽量生动地浮想当初遇到该单词时的情景。是在什么书中呢？这个单词用字典查了意思吗？有可能的话，在心中描绘出当时读书的情景。

第二，如果按第一方法还想不起来，就暂时停止不去想。然后再试一次。经常是消失了的事物过一阵以后又会悄悄地在脑中露面。

一切记忆的基础都是联想。在新事物与已经记在心中的事物之间寻找联系，联系越紧密，新事物就越容易记住。无论什么事物，如果不与过去的事物联想而记在心中，迟早要忘掉。

这一点必须充分理解，新事物只有通过强烈的联想，才会永远留在心中。透彻领会的事物决不会彻底忘掉。即使认为已经忘掉了，但过多少年后，由于某种势头引导又会悄悄地在心中露面，这种情况经常发生。这是由于强烈的联想而回忆起来的，因此联想越多，越强烈，记忆就越容易。

（五）要人为地创造有趣的联想

当然，联想肯定是自然的、逻辑性强的事物为最好。但遗憾的是，有时我们必须记住的那些事物往往都与已经记住的事物不发生任何逻辑性的联想。为了把这样的事物与记忆中的事物紧密地结合，需要人为地创造联想。这种人为的联想有时也许觉得不合情理，但只要能不断生动地浮现出来，并且有趣，就可以达到帮助记忆的目的。人为的联想还有一个优点，这就是在经过一段时间以后，现实性的、逻辑性的联想出现之前，对把事物记在心中起一定的作用。因此，这种人为的联想，哪怕是临时性的也极为有效。所谓“人为的联想”，就是记忆数字、时间等本身没有意义的事物时，自己能设法制作一系列的表，并以此为线索记住那些需要记的资料。

日本东北大学的学者簿田司曾作过报告：“在日本偶尔也有人使用这种方法（即记忆技巧）进行记忆。”据说仅仅九分钟内能背诵两百个数，把这些数字按每十个一行排成二十行，如果你说第九行，马上就可以告诉你第九行的数字。这通常称为“石原式”记忆法。“石原式”记忆法的窍门是把从零到九的每个数字都加上三个名字，就以名字来记忆。例如，八七九记成“柳”（八七九这三个数字的日语字头恰恰是“柳”的读音——编者注），八四记成“桥”（作为上两个数字的日语字头正好是“桥”的发音——编者注），再把这些有意义的柳、桥与自己故乡的公园里的柳、桥联系起来。也就是人为地使没有意义的数字变成有意义的物，然后把它与故乡公园里的风景一同联想，便于记忆。

“关键词汇图像”不仅可以代替逻辑关系，而且有助于发现逻辑关系。如有逻辑关系，则对强化逻辑关系更有效。

记忆的秘诀在于创造强烈而有趣的联想。它可以是逻辑性联想，也可以是想象的产物。

（六）失神状态，容易遗忘

美国某著名篮球队的一位选手，有失神的毛病。在某次比赛前刚刚做完准备运动，正要出场时，他在教练那里不仅脱掉了训练裤，连运动服也脱掉了，成了赤身裸体。还有一位教授，竟置妻子于不顾，抱着猫亲吻闹钟，向它问候晚安。

有时，虽说没达到上述那种程度，也不乏这种情形：看书或看电视时，只是眼睛跟着文字和映象转，读的是什么，看的是什么却完全不知道。也有出门时煤气开关是不是关上了，门是不是上了锁，烟灰碟里是不是灭了火，一点也不记得了，不得不慌慌张张跑回家检查。

这都是因为处于“失神状态”的缘故。尽管视网膜上映着文字的映象，脑子却没有明确地收到信息。在这种状态下，当然不可能记住读过、看过的内容。

看书、看报、看电视中，如有要识记的对象时，那就必须把那个对象看准，仔细观察，抓住特征。

比如家属和朋友问起今天《潇湘晨报》第一版的标题写的是什么时，大多数人都回答不出。这是因为没想到会问哪类问题，最多只能回答说：“多半是……吧。”可以想象他一定是在看报纸时，对于标题之类只是随便地浏览了一下，处于轻微的失神状态之中。要知道过后会有人问起标题，那就会把它当成记忆的对象反复读几遍，就能牢牢地把它刻在脑海里。

还有，看了电影和戏剧之后要写感想，或在公园里看花，想把它画下来等等，也是这样。常常有这种情形，对演员的名字和戏名怎么也记不住；对花瓣的数目和形状、叶的形状都模糊不清，因而画不下来。这是因为缺乏观察力，不能留下清晰的记忆的缘故。

所谓观察力，并不是只要认真看就可以作数的。要把上场人物的容貌和姓名、容貌和风景、导演和演员的名字以及戏名。只有戏名和个人的自由联想联结起来，才能帮助记忆。

已故日本作家三岛由纪夫深入生活时，据说是不带照相机的。他说依赖照相机，自己的眼睛的功能就迟钝了，就会把必须看的漏过去。这就是他这类有才能的艺术家不同于常人的地方。观察力也是全靠训练才敏锐起来的。

第五章

认识事物的本质，决定超级记忆的成败

在探索知识宝库的征途上，动脑思考是认识事物本质的核心。长久而反复的思考可造成脑神经细胞兴奋的固定联系，给大脑留下深刻的印迹。思考！思考像一把锋利的雕刻刀，在大脑的沟回中刻出形象突出的浮雕，使问题迎刃而解。由此可见，理解对于记忆是多么的重要！

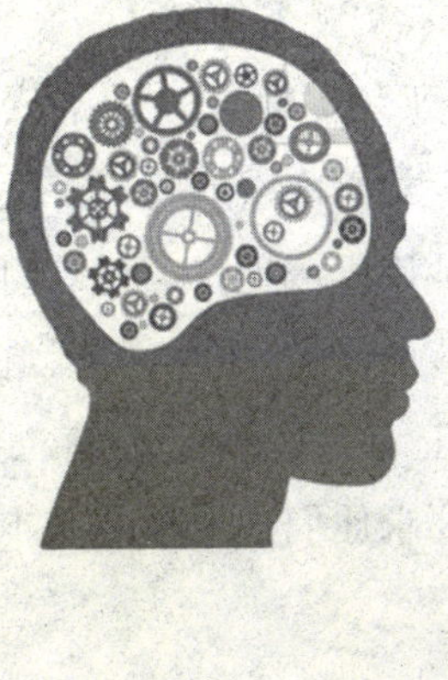

一、理解透了，记忆自然就加强了

若要记得，先要懂得。懂得了的东西容易记住，并且保持的对间也比较长。你一定有这方面的经验，就系统的知识而言，不理解的材料，即使记住了，需要的时候也用不好，理解了的材料，似乎并没费什么力气，却自然而然地记住了。这说明，理解是良好记忆的基础，通过理解而增进记忆是行之有效的方法。

（一）理解记忆的优势

生理学家巴甫洛夫说："利用知识，利用获得的联系，就是理解。"就是说，把新的知识经验纳入已有的知识经验的系统中，即在已有的暂时神经联系的基础上去建立新的神经联系，并且把新旧联系组成一个新系统。我国心理学家为"理解"下的定义是："是个体逐步认识事物的联系、关系直至认识其本质、规律的一种思维活动。"

理解记忆比机械记忆效果要好得多，是经过大量实验得出的结论，是人们长期实践获得的经验。十九世纪末德国著名心理学家艾宾浩斯曾以自己做过实验，结果表明：识记12个无意义的音节，平均需要复习16.5次，识记36个无意义的音节，平均需要复习54次，而识记含有480个音节的六首诗，平均只需要复习大约8次就能背诵。还有位心理学家用记一首诗来作比较。让甲组学生单纯用机械记忆，对乙组学生详细分析全诗的思想内容和构思方法，然后再背诵。隔一段时间后进行测验，结果乙组学生平均记住80.3%，而甲组只记住47.2%。还有人作过记忆文件的实验：首先，让被试者阅读文件，要求他们把文件的基本精神、主要思想、内容事实、文句语词都记住。经过一段较长时间后测验，结果，绝大多数人对文件的基本精神和主要思想都记得很好，对文件的具体事实和词句却基本忘掉了，尤其是词句遗忘得更多。

我们不妨也做个小实验。下面是泰国首都曼谷的全称，共四十一个字，请你记下来，看看用多长时间。

“共台甫马哈那坤奔他哇劳狄希阿由他亚马哈底陆浦改劝辣塔尼布黎隆乌冬帕拉查尼卫马哈洒坦”

再请你背一首杜甫的七律《登高》：

风急天高猿啸哀，渚清沙白鸟飞回。

无边落木萧萧下，不尽长江滚滚来。

万里悲秋常作客，百年多病独登台。

艰难苦恨繁霜鬓，潦倒新停浊酒杯。

这首诗被杨伦称为“杜集七言律诗第一”（《杜诗镜铨》），被胡应麟推作古今七言律诗之冠（《诗薮》），你可能早就纯熟于口，即便初学也很容易记诵。因为你眼前会浮现杜甫登高赏秋的形象，你心中能体会杜甫漂泊孤愁的感情，你口里可品味杜甫“雄阔高浑”的字句，理解发挥了优势，自然而然就记住了，虽然这首诗要比曼谷全称字数多三分之一。相信你通过二者之对比，一定会有切身体验的。

理解记忆之所以比机械记忆效果好，是因为它使识记材料与头脑中的知识结构建立了密切的联系。心理学实验证明：这种知识结构与记忆有关，知识结构越复杂越系统化的人，记忆就越全面、越迅速、越牢固。大家知道，画家善于记形象和色彩，音乐家善于记乐谱和旋律，试想，让雕塑家去记哲学论文，让武术家去记诗词，效果可想而知，这就是因为他们各自的知识结构不同的缘故。

一代伟人毛泽东说：“感觉到了的东西，我们不能立刻理解它，只有理解了的东西才能更深刻地感觉它。”机械记忆只是从表面现象上认识事物，而理解记忆则是从本质上、从相互关系上认识事物。如前所述，记忆效率是随着对知识的理解程度而发展的，所以经验越丰富、知识越渊博的人理解能力越强。

在很多情况下，不理解的材料，记住了也没什么用处。这方面最典型的例子要数“白痴天才”了。1937 年，国外曾因为一个孩子是否聪明而引起一场争论。这个孩子能说出 1880 年至 1950 年之间任何一天是星期几，能迅速地用几个字母拼出许多字，能听一遍歌曲便正确地重复出来，但是，他却不具备逻辑思维的能力。你说，这种“天才”记忆力超群，过目不忘，又有什么用处呢？鲁迅先生曾教导青年不要死读书，不要把头脑“变成书橱”，确实是深有见地的。

（二）如何运用理解记忆

心理学研究表明：真正的理解有两个重要标志，即动作的词的解释和实际执行动作。前者是指出某种动作所服从的原理，后者是指把某种原理应用到实践中去。也就是说：

1. 要对识记材料分析综合，弄清其内容实质

若要记得，先要懂得。古人读书务求必懂，以至“字求其训，句索其旨”。宋朝有个叫陈正之的，读书很多，收获甚少，他常怨记忆不佳。后来，理学大师朱熹指教他：“你以后读书，每次只读五十个字，一连读它二三百遍。”陈正之遵训而行，果然大有进益。教育家徐特立说：“我读书宁肯少些，也要懂得透些。”古今文坛泰斗、学者名流都强调学习知识“不但要知其然，而且要知其所以然”。所以，真正理解的第一步就是要弄清材料的精神实质，把握事物的内在规律，千万不能满足于一知半解，更不能不懂装懂，自欺欺人。学习数学，要弄清每个公式是怎样推导出来的，该怎样运用；学习语词，要探求每个成语的本义和引申义；学习文章，要先分析内容，抓住中心，概括出提纲。这样做，比从头到尾反复念背的做法要好得多，记得又快又扎实。比如学习李商隐的七律《隋宫》一诗，如果不理解“口角”指的是唐高祖李渊，“锦帆”指的是隋炀帝的龙舟，那就很难记牢这首诗，而一旦了解了全诗的含意，记住它则是轻而易举的事。为了加深分析理解应多用比较的方法、直观的手段、重复的形式作辅助。

2. 把所学知识付诸实践，在运用中加深理解

大家知道，思维具有无与伦比的速度，它不可能将细节末端囊括无遗。而实践就是对思维过程的认真审核检验。比如一个司机经过短期培训，当他独立操作时，这就是对他是否全面掌握了驾驶知识的一种最好验证，同时，在独立操作时，又将加深对于驾驶知识的理解。就这样，“认识→实践→再认识”，循环往复，使知识不断巩固。例如，小学生学完生词后的造句，大学生的毕业论文，工人升级前的考核……都是检验对知识掌握的程度，也是对所学知识加深理解的过程。理解在实践中加深，还有一层意思就是在实践过程中接受检验，因为这之中必然会碰到多种意料之外的问题。为了解决这些问题必须更多方面地思考和学习，这样更会使记忆得到巩固和深化。

机械记忆和理解记忆究竟是什么关系呢？有人认为机械记忆是低级的，有人建议在没有理解前不要试图记忆。我们无论记什么，总要有一个从不理解到理解的过程。如果非要先理解再记忆，那就等于不准小孩子学说话了。因此，机械记忆也好，理解记忆也好，都是记忆必不可少的手段。如果偏袒一方而摒弃另一方，就好比板凳掉腿，汽车缺轮，肯定会坐不稳，行不得。例如学古文，我们很难一下子全理解，一边背一边琢磨，背熟了便于理解，理解后记得更牢。再说很多材料的理解是个长期的过程，所以，理解只能是相对的，这就说明背诵是必需的，绝对地否认机械记忆，不是科学的态度。最正确的做法是把两者结合起来，扬长避短，这样才能达到异曲同工的目的。

二、有舍就有得，记住该记的东西

你看过风靡世界的《福尔摩斯探案集》吗？其中最著名的一篇当首推《血字的研究》吧！在这个故事里，举世闻名的大侦探福尔摩斯说了这样一段话：“我认为人的脑子本来像一间空空的小阁楼，应该有选择地把一些家具装进去。只有傻瓜才会把他碰到各种各样的破烂儿全部装进去。这

样一来，那些对他有用的知识反而被挤了出来；或者，最多不过是和许多其他东西掺杂在一起。因此，在取用的时候也就感到困难了。所以，一个会工作的人，在他选择要把一些东西装进他的那间小阁楼似的头脑中去的时候，他确实是非常仔细小心的。”这里，福尔摩斯提出了选择学习和选择记忆的问题，确有价值，发人深省。

（一）别奢望把所有知识都装进脑袋

生理学和心理学研究都证明：人的记忆潜力是巨大的，但是每个人的时间和精力却又是极其有限的。正如庄子所说：“吾生也有涯，而知也无涯。”看来，这确是摆在人们面前的现实问题。那么，怎样正确地发挥自己的记忆潜力呢？真应该动动脑筋。常识告诉我们：就记忆而言，人的大脑并不是孤立的、静止的、空空如也的“小阁楼”；就学习而言，任何人也没有必要把所有的知识都一字不差地贮存进脑中。所以，即便大脑中还有许多有待开拓的处女地，人们也不能无所不记，而应该去记忆那些最有用，最精华的知识，这才是科学的态度。

近年来，科学技术日新月异，一日千里，各种知识正以核裂变的形式急骤增长。资料说明：全世界现有科技期刊三万五千多种，每年发表的包含新知识的科学论文约五百万篇，每年登记的发明创造专利就有三十多万件，怎样对待这种“知识爆炸”的形势呢？我国古代学者早就认为：天下书是读不尽的，读书先务精而后务博，有余力乃能纵横。这就要求我们有选择地学习，有选择地记忆。

你知道华罗庚教授发明的“优选法”吧！优选法可以帮助我们合理地安排实验，在较短的时间内找到合理的配方、合适的条件、科学的捷径。选择记忆可以说就是在记忆领域里进行优选，即把最需要的、最实用的材料输入大脑，贮存起来，以使记忆效果更加集中和突出。

读书有舍才有得，泛览不如一精。古今许多名人学者都深谙此理，并循之行事。我国古代学者冯班说：“开卷疾读，日得数十卷，至老死不懈，可日勤矣，然而无益。此有说也：疾读则思之不审，一读而止，则不能识记其文，虽勤读书，如不读也。”著名科学家爱因斯坦的传记中记载了他的学习方法："在所阅读的书本中，找出可以把自己引到深处的东西，把其他一切统统抛掉，就是抛掉使头脑负担过重的一切。"他需要的是"真正带有根本性的最重要的东西"，而不是那些"可有可无的广博知识"。清代"扬州八怪"之一郑板桥曾针对"无所不诵"，发过一番议论，他说："……篇篇都读，字字都记，岂非没分晓的钝汉！更有小说家言，各种传奇恶曲，及打油诗词，亦复寓目不忘，如破烂橱柜，臭油坏酱，悉贮其中，其龌龊亦耐不得。"当代著名的语言学家吕叔湘也认为："我们各门学科都有一些基本的知识要记住。基本公式、规律要记住，这是不错的；但是，不是所有的七零八碎的烦琐的东西都要记住。书上都写着在那里，到时候你去查一查就行了。"我们敬爱的周恩来同志在《我的修养要则》中也阐明了这样的观点："加紧学习，抓住中心，宁精勿杂，宁专勿多。"综上所言，我们可以得出这样的结论：读书必须有选择，记忆也必须有选择。

我们的大脑在履行识记职责时，本身就具有选择的特性。各种感觉器官向大脑呈送的"报告"，大脑并不如数接收，而是把自己感兴趣的信息作为重点对象贮存起来。比如看一部电影，尽管人物繁多、场面宏大、情节曲折，但一般观众只记住了几个主要的人物、几段主要的情节，这就是大脑本能地进行选择的结果。两个人同时去一个风景区旅游，回来时谈到所见所闻、感受随想，肯定各不相同，这种不同就是他们大脑的选择性造成的。

学习必须有选择，没有选择就谈不上收获。宋人朱熹说："读书譬如饮食，从容咀嚼，其味必长；大嚼大咽，终不知味也。"这话有深刻的科学道理。有一位年轻人，喜欢好学，唯一不足的是贪大求多。前几年，他把大部分业余时间发在学日语上，与此同时还挤出时间自修政治经济学，后来迷上了写诗又搞篆刻，经常向报刊杂志投稿，听说去年还参加了一个函授大学，为了学习，他每天都要熬到深夜。可是，他长进并不太大，究其原因，就是因为他在学习方法上出现了问题，他没有真正钻入某一学科中，而是只求进度不去追求质量，所以功夫虽然下了不少，却收效甚微。可以说，这与没有运用好选择法有直接的关系。

（二）如何运用选择记忆

1. 确定目标

选择记忆应该首先确定自己的学习或记忆的目标，然后再相应地选择各种书籍资料。有个初中毕业生，因病常年休息，促使他走上了自学的道路。开始，他盲目地拼搏，曾钻研过哲学，啃过无线电学、电机学，还涉猎过热处理工艺。后来，限于物质技术条件，他才步入了数学殿堂的大门。而选择好数学后，他又幸运地碰到一张正规大学数学系学生的必读书目，从中他选准了“概率论”作为突破点，这些选择为他自学成才拓出了扬长避短的蹊径。终于获得了喜人的成绩。可见选择好目标才能学有所成。

2. 弄清关系

选择记忆要求我们必须弄清知识结构之间的关系，以便在识记中有详有略，抓住精髓，举一反三。

一位著名数学家应邀到母校作“怎样学数学”的报告。他在一个教室里，看见墙上贴满了数学公式，并标着“必须记住”的字样，对此他提出了不同意见。他说，只要记住最基本的几条公式就行，其他公式推导一下就可以得出来了。后来，他的报告就从“必须记住”谈起，使学生们学会了把单个公式变成一连串公式的推导过程。如记三角公式，两角和、差、倍、半角的公式很多，变化不少，可以记住 $\mathrm{Sin}(\alpha \pm \beta) = \mathrm{Sin}\alpha \cos\beta \pm \cos\alpha \sin\beta$ 和 $\cos(\alpha \pm \beta) = \cos\alpha \cos\beta \pm \sin\alpha \sin\beta$ 两个公式，由此很容易推导出其他公式。

这个事例说明：只有弄清各种识记材料间的关系，才能够“四两拨千斤”，以巧记取胜。

3. 提炼重点

选择记忆要善于抓住材料中最有价值的地方。一本书也好，一篇文章也好，往往只有一条主线、一个主题、几段精彩论述，其余的都只起辅助作用。郑板桥曾说：“板桥居士读书求精不求多，非不多也，唯精乃能运多，徒多徒烂耳。”他举例：“即如《史记》百三十篇，以《项羽本纪》

为最，而《项羽本纪》中，又以巨鹿之战、鸿门之宴、垓下之会为最。反复诵观，可欣可泣，在此数段耳。”这就告诉我们，选择记忆实际上是提炼重点并予以专门记忆的过程。

4. 广博钻研

学习也好，记忆也好，不仅要“专”，而且要“博”。这一点似乎与选择记忆背道而驰，但其实不然。“闻千曲而后知音，观千剑而后识器。”“博”是“专”的基础，博大才能专深。知识越是高度分化，高度综合，就越要求广收博取，因为只有这样才能巩固专业知识。

就以记忆研究来说吧，它本属于心理学范畴，但是，随着时代的需要，科学的发展，“应用记忆学”即将脱颖而出，应运诞生。应用记忆学与生理学、心理学、教育学、人才学、创造力学、时间学、营养学乃至逻辑学、语言学等多种学科有直接的关系，是在它们基础上站立起来的新学科。只有将这些学科的广博知识融会贯通，才能科学地进行记忆研究。广博为选择提供了充分的条件，在广博基础上的选择，记忆才能发挥更高的效率。

前苏联作家巴乌斯托夫斯基说过这样一段话：“记忆，好像是一个神话里的筛子，筛去了垃圾，却保留了金沙。”读者朋友，让我们在生活的河床上披沙拣金、选优择华，不断向大脑输送知识的精华，以迅速提高“记忆仓库”的使用价值吧！

三、在比较中思考，在思考中加深记忆

比较是确定客观事物彼此之间的差异点和共同点的思维方法。比较是人们认识客观世界的重要手段，因为不真实的东西外表上同真实的一样，真实的又同不真实比较相像，错综复杂的宇宙就是这个样子；因此必须仔细地分析端详。

大家知道，通过比较才有区别，没有经过比较，我们就难以判断事物的特性，就很难认定事物的真实本质，就难以弄清事物与事物之间的联

系，就难以区别事物与事物之间的相同点与不同点。比较记忆法就是针对看似相近而又不同的识记材料进行对比和分析，最终搞清楚它们之间存在的差异点和共同点，从而进行记忆的一种方法。这里举例说明：有位书呆子一次和朋友一起逛菜市场，误把蒜苗当成韭菜，在卖菜姑娘面前弄得十分尴尬。为了帮书呆子“明辨是非”，同行的朋友干脆把韭菜蒜苗各买一斤，然后回到家里与他一起“比较起来”。通过比较，韭菜和蒜苗的异同之处就显得十分鲜明。从外形来看，韭菜的叶相对扁宽，末端是钝尖，蒜苗叶相对厚圆，末端是锐尖；从颜色来看，韭菜的颜色相对深绿，蒜苗的颜色相对翠绿——黄绿色；从质量来看，韭菜的根部相对挺而韧，蒜苗的根部相对柔软……只短短地几分钟，这位书呆子就记住了两者的特征，并且他还风趣地说：“从今以后，蒜苗和韭菜在我的记忆中是‘永垂不朽’了。”通过这件小事儿，就能充分说明比较的奇妙功效。

（一）比较记忆法的好处

1. 全面地识记材料

脍炙人口的散文名篇《岳阳楼记》里说岳阳楼“南通巫峡，北极潇湘，迁客骚人，多会于此，览物之情，得无异乎。”其实，何止一座岳阳楼，对宇宙阅的万事万物，历来就是“仁者见仁，智者见智”。同样的材料，由于人们的观察角度不同，认识程度不同，表述方式不同，会写出大相径庭的文章著作来。比如“中国近代史”这个题目吧，各文科院校、各出版社、各级宣教部门已经正式或非正式出版过数百种之多，有的是大学课本，有的是“正统”史籍，有的是通俗读物，有的是宣传材料，琳琅满目，各有千秋。如果你想学习中国近代史，时间和精力又允许，那么不妨多收集一些版本，作比较式的阅读，特别是在识记一个专题时，这样做更会明显地收到全面了解材料，进行“立体”记忆的效果。

2. 准确地识记材料

在记忆的品质中，非常重要的一项就是记忆的准确性。记忆的准确性与最初识记有直接关系，如果输入大脑的信息有纰缪，那么提取时自然也是错误的了。比如有人对某字错读或错写，有时候其误不在忆，而在记，就是说，他初学的时候就是错的。因此，极有必要把住准确识记关，而比较就是一道好关卡。在菜市场，顾客的普遍心理是希望物美价廉。往往，有经验的顾客并不轻信卖主的自卖自夸，而是在市场里走一遭，把自己“购买计划”上的蔬菜多看几份，比一比哪一份货好，哪一份便宜，然后才认定该买谁的。学习和记忆也是这样，比如要记“商品”一词的概念，应该多找几本书来，看看它们阐述的有何不同，谁是谁非，哪个精炼些。不用问，等你经过认真比较后，不但能准确地掌握住定义，而且已经扎实地记在脑海里，甚至与他人观点的异同之处也能说出一二来了。

3. 深刻地识记材料

世界上有很多材料或事物，形式相同而类型各异，呈现出一种难以辨别的复杂性。面对这种情况，如果你要记忆某一材料，可以找来这两类材料，将二者进行对比。只要稍加比较，各自的特点就突出了，给你的印象也就深刻了。比如学习唐诗，为了掌握诗歌的浪漫主义和现实主义源流、传统及成就，可以读一读李白和杜甫的诗。李白的代表作《蜀道难》、《梦游天姥吟留别》等，多是神来之笔，变化莫测，大河天来，汪洋恣肆，色彩缤纷，想象奇特，以满腔激越之情表达了对生活的热爱和对权贵的轻蔑。再看杜甫的代表作“三吏”、“三别”等，多是立足生活，剖精析微，披露现实，准确传神，敢于正视惨淡的人生，忠实地反映了人民的苦难现实。通过这样比较，我们不但加深了对浪漫主义特色和现实主义特色的记忆，而且形象地掌握了“诗仙”和“诗史”的含意，从而使在头脑中已有的唐诗、李白、杜甫等组成的知识结构中又增加了新的内容。

（二）如何运用比较记忆

1. 对立比较法

对立统一规律是自然界、社会和思维发展的普遍规律，它揭示了事物运动发展的内在根源和实际过程。世界上的一切事物都是矛盾着的统一体，如：

“在数学中，正和负，微分和积分。

在力学中，作用和反作用。

在物理学中，阳电和阴电。

在化学中，原子的化合和分解。”

抓住事物的这一根本特点，把两个对立的事物放在一起，能形成鲜明的对比，容易在大脑中留下清晰的印象。记忆成语时就可运用此法。香港出版的《八用中文成语辞典》，中，对部分成语标出了反义成语，于记忆有好处。如对“千篇一律”与“五花八门”，“死灰复燃”与“一蹶不振”，“年富力强”与“老态龙钟”等进行对立记忆，效果就很好。

2. 对照比较法

指同类材料的不同表达方式之间的比较。这是一种横向对比。一般做法是把同类的若干材料同时并列，在学习过程中进行比较。有这样一个小故事：宋代的苏轼、黄山谷、秦少游、佛印四人春游，在一座古庙壁上见到杜甫的《曲江春雨》诗。其中“林花著雨胭脂”一句最后一字没有了，他们决定补补看。苏轼补了个“润”字，黄山谷补了个“老”字，秦少游说“嫩”字好，佛印主张用“落”。结果，找到原诗一查，原来是个“湿”字。大家仔细品味，一致认为还是“湿”字恰切，都对诗圣叹服不已。这样，五个字一比较，即便《曲江春雨》诗忘了，提到此事时也能想起杜甫原句是“湿”字。

3. 顺序比较法

指新旧知识之间的比较。这是一种纵向比较。一般作法是在接触新知识时，把它与头脑中已有的知识相比较，看看它们之间的联系、相同之点和不同之处。比如学习法语单词时，可以将其与已掌握的英语单词相比较，看看是否相同，有何变化，这样，既复习了英语单词，又记住了法语单词，一举而两得，省时又奏效。

4. 类似比较法

指相类似的事物之间的比较。有很多事物在表面上极其相似，但本质上却有差异。这种情况下，我们可以运用比较的方法，找出它们的不同点来。

有位三胞胎姐妹，相貌极相似，加上她们经常穿同颜色同款式的服装，留同样的发式，扎同样的头绳，所以别人常常认错。刚开始，我还以为她们仅是双胞胎呢，等我见到她们三人在一起时，才知道是姐妹三个。

当然她们三个也有不同之点，如名字不同，爱好各异，语音也有差别等等，通过仔细比较，才不至于记混记错，才能很快回想起来。

（三）比较记忆的要点

1. 同中求异

即在识记材料共同点外尽量找出其不同点。特别是不要停留在对事物表面现象的认识上，而应多着眼于它们本质属性的比较，抓住细微的特征进行记忆。

2. 异中求同

即在识记材料不同点的基础上努力找出它们的相同或相似点。世界上的事物纷繁复杂、光怪陆离，尽管表面现象千差万别，却往往有本质上的相同或相似点，如果我们准确地找到了识记材料之间的相同点，就一定能把它们记得更扎实。

假如识记材料是单一的，也有办法，你可以找一个参照物进行比较。例如记一个人，你可以这样想：他的相貌像邻居老陈，他的名字与老郭一样，他的语音和同乡老李差不多等等，这样一比较，就不容易忘了。

比较记忆法是很多人常用的好方法，容易收到立竿见影的效果，可以帮助你建立自己的超级记忆！

四、掌握归类记忆，可以让你的大脑科学化

归类记忆法是按照事物的某些内在联系和某些外部特征进行分类、归纳，以增进记忆的方法。所谓归类，就是使分散的趋于集中，零碎的组成系统，杂乱的构成条理。识记材料经过这样的分类归纳，就会更加趋于系统化、条理化、概括化，因而也就能更容易地保持在我们的记忆中了。

（一）归类记忆法的好处

心理学认为，所谓分类，就是依据事物的一般特征，把事物组合成不

同层次的类别的过程。

心理学家曾做过这样的实验：用十五张图片，让甲乙两组（各分为小学生、中学生、成人三类）识记相同的材料。对甲组提出记忆的目标，还要求归类；对乙组则只提出记忆的目标。结果表明：平均记忆成绩如下：甲组小学生为12.4，乙组小学生为9.2；甲组中学生为14.3，乙组中学生为10.3；甲组成人为14.1，乙组成人为11.5。实验说明：归类确实是增进记忆的好方法。

大家知道，客观事物都有各自矛盾运动的规律，都有各自内在的或外在的属性或特点。"物以类聚，人以群分"，宏观、微观世界都是如此。高山大河各有所属，飞禽走兽各归其类。从上古时候起，人们就知道按照事物特点对事物进行分类识记。在《易经·系辞上》中说："人以类聚，物以群分。"应用在学习记忆上也是同理，清初学者陆世仪认为："读书分类，不惟有益，且兼省心目。"

只要你稍稍留意，就会发现，人们在生活、工作、学习中广泛地运用着归类法。在企业里，根据生产品种的不同划分工厂，根据生产流程和工种的不同而划分工段班组；在农村中，根据种植品种确定地块；在商业上，根据经营商品的不同而划分专门商店，在大商店中，又根据商品类型而划分营业组；在学校，按照学龄的划分设立小学、中学、大学，而大学又按照专业分为各种学院；在部队，按照兵种划分为各部队；由于图书馆图书分门别类地存放，图书管理员才能很快地查到读者要看的书，由于仓库里货物井然有序地存放，保管员才能及时提供顾客之所需……就是在你的家里，归类法也在显示着作用，你的藏书无论多少都是分类堆放；衣服放在衣柜里，碗筷自然归碗橱，就是鞋子也是棉鞋放在一起，皮鞋放在一起，胶鞋、布鞋放在一起……遵循客观事物本身的类聚属性与人们认识客观世界的习惯方法，我们完全应该对识记材料进行归纳记忆。

实践证明，归纳记忆法是行之有效的，古今许多学者专家都曾用过这种方法。唐代著名诗人白居易的书房里有一个木架，分为七层，架上放置许多陶罐，罐上各标名目，罐里装着"随感偶记"之类的文字；隔一段时间，白居易就把罐子掏空，整理成篇。据说《白氏六帖》就是这种罐子的

“产品”。

《文汇报》曾刊载过一篇题为《“尖子”来自勤奋》的报道，介绍了上海市第七届中学生数学竞赛冠军李骏的事迹。文章提到了归类法的应用：“为了真正弄清韦达定理的原理以及它的广泛作用，李骏就反复钻研、分析，最后，把它在数学上应用的六种作用全部归纳了出来，并牢牢地记在心里。由于李骏善于对数学上的这些概念、公式进行归纳、学习。因此，他在解题、证题时就能对这些概念、公式运用自如。”可见，归纳记忆法确是实用奏效的。

（二）如何运用归类记忆

归类的形式多种多样，但遵循的标准只有两条，一条是复杂的归类，即按照事物的内在联系或本质属性进行归类；一条是简单的归类，即按照事物的外部联系或非本质属性进行归类。在学习时，按章节知识综合串线，可进行单元归类；按何种类型的知识可进行列表归类；按容易混淆的知识可进行对比归类……就拿学历史来说吧，历史知识可分为若干专题进行纵的或横的归类。如学习中国古代史，可分为历代人口、历代官制、历次改革、历次农民起义、历次以少胜多的战役、历次不平等条约等等。我国是诗歌之国，早在夏商周年间，我国人民就以“诗言志”，到了唐代，诗歌的发展达到了鼎盛时期。

为了学习和欣赏古典诗歌，历代编纂家们都大做文章，如《唐诗三百首》、《唐诗三百首注释》、《唐诗三百首新注》以及律诗选、绝句选、咏物诗选、爱国诗选、山水诗选、抒情诗选、田园诗选、乐府诗选、历代妇女诗选等等，大大方便了阅读。辑纳古诗文名句，各家也有多种归类法。如湖南人民出版社出版的《古诗文名句录》其分类依据语意，如“施教”篇“专注”类收有“十年磨一剑”、“泰山之溜穿石，单极之绠断干”、“锲而不舍，金石可镂”等。

在运用归类记忆法时，要开动脑筋，积极思考，特别应注意这样两个问题：①要确定一个统一的标准和依据，否则在归类中容易出现“站错队”的现象；②要注意了解事物之间的内在联系，而不要为它们的表面现象所迷惑，做到正确归类。

在记忆某些片断知识时，运用卡片进行归类会收到你意想不到的效果。印度电影《志同道合》中，影片在介绍演员表和摄制人员表时从画面的各个部位突现了男女主人翁的形象，使人产生新鲜感，并留下深刻的记忆。卡片排列与此有相同道理。同一识记材料，如能变换角度观察，就容易给人以立体感，每次排列，都会有新的发现，因而能从不同角度上对材料进行交叉记忆，收到良好的效果。运用卡片归类法可以记忆多种知识，如记英语单词，你可以制成卡片，然后像洗扑克牌一样，每次都改变一下单词的排列顺序，彻底避免前摄抑制和后摄抑制的感觉以及复习中因重复而出现的厌烦按字母头排列的“偏向”。

归类法既是记忆法，又是学习法，经常运用它，会使你的头脑科学化，会使你的知识系统化，从而能够举一反三，由此及彼，养成科学的思维习惯，牢牢地记住所学的知识，真正成为所学知识的主人。

五、把信息系统化，大脑就是一个庞大的图书架

系统记忆法就是根据识记材料的内在联系进行加工，使之系统化，以增强记忆的方法。

大家知道，人的大脑就如同一座图书馆。书籍进入图书馆以后，要经过归类编目，才能井然有序地摆上书架，才能有条不紊地随意取出。大脑也是这样。大脑的记忆就是信息输入、编码、贮存和提取的过程，这个过程与图书馆中图书的购入、归类、保管和外借十分相似。如果谁忽视了对信息的加工处理，他就无法有系统地进行记忆，所获得的知识也是杂乱无章的。

（一）系统与记忆的关系

什么是系统呢？系统就是同类事物按一定顺序组合而成的整体，即贯彻始终的条理。记忆的系统化过程，就是对某些识记材料进行科学的排列

组合，使它们形成一个完整的体系，然后，遵循这个体系的内部秩序，对识记材料进行有效的记忆。

系统记忆法是以脑神经生理学为基础的。脑神经生理学知识告诉我们：只有系统性的记忆，才能在大脑中形成系统化的暂时神经联系。而孤单单的识记材料所形成的暂时神经联系则是个别的、独立的。大家知道，作为一个司机，技术再高明也无法同时开两台汽车。火车就不同，即使火车头挂上六七十节车皮，一个人（指的是司机）也可以开动起来。记忆也是这样，零碎的、分散的、单独的知识不容易记，即便记住了，也难以保持长久。与之相反，系统化、条理化的知识就好记多了，并且能记得比较扎实，回忆时也比较容易。这就要求我们进行系统学习和系统记忆，以便使大脑中形成的暂时神经联系更融洽，更牢固。

教育心理学家认为，人的心理发展有一定的顺序性。教育的系统性、连贯性和一致性是学生心理发展的必要条件。如果教育工作缺乏系统性和连续性，就难以充分发挥学生的智能，如果所学的知识没有系统化，就会影响学生对知识的运用。设想，如果老师先教乘除法而后教加减法；如果老师先教英语单词而后教国际音标，那怎么能学得快，记得牢呢？在中小学，教师很注意教学的系统性。一个单元，半个学期，一个学期，有计划地进行系统复习，才能使学生们对学过的知识融会贯通，深入理解，从而大大提高记忆效果。

大脑对于识记材料进行系统记忆具有一种本能性。我们做过这样的实验，请被试者记住30个语词，具体如下：

锤子　格尺　饺子　睡莲　橡皮　兰花　壁虎　演员

钢锯　香肠　护士　柳树　纸张　蟒蛇　野菜　会计

老鹰　斧子　士兵　米饭　扳手　海豹　钢笔　教师

罐头　青松　鲸鱼　钳子　饼干　毛笔

五分钟后，请被试者默写出来。对于没有学习奇特联想法的人，大多数都自觉不自觉地运用了系统记忆法，上面这是分散的单个的信息被大脑进行了巧妙的加工，按系统分类归组了。例如：

工具：锤子、钢锯、斧子……

文具：格尺、橡皮、纸张……

食物：饺子、香肠、米饭……

植物：睡莲、兰花、柳树……

动物：壁虎、蟒蛇、老鹰……

职业：演员、护士、会计……

当然，有些人并不能将30个语词全记住，但多数是如上的思路。青少年“电影迷”们常常边看电影边对演员“分伙”，实际上这也是大脑系统记忆本能的一种体现。不过，学了奇特联想法，就没必要再按系统分记语词了。

列宁非常重视系统法，他有系统地读书，有系统地读报。他的妹妹玛·乌里扬诺娃说：“列宁善于学习，善于有系统地勤奋地学习……列宁认为，应该选择一个问题有系统地进行研究。”列宁经常宣传这种方法的优越性，他曾向弟弟德米特利建议：“应该有系统地学习一些东西，否则像这样泛泛地‘读书’是没有什么益处的。”

（二）如何运用系统记忆

1. 循序渐进地学习

任何一门科学都有严密的体系，都是一座大厦，它需要牢固的地基，也需要每一层的完善。地基不稳，大厦就难以建得太高；低层不大，高层就无法向外扩展，空中楼阁是建造不出来的。所以，学习和记忆一定要有步骤地探索，分阶段地进行。有位年轻人，高考落榜后，他选择了自学，但在自学中注意循序渐进地打基础。当他选定了外国文学研究的目标后，为自己设计了一座学问的殿堂，用外语和文学作为顶梁柱，用历史和哲学作为地基，各门艺术、美学、心理学、社会学和自然科学则作为门窗和四壁。他有计划地读书，有计划地建立自己的知识结构。在读书中，他紧紧围绕知识结构，选择重点，逐个击破。他认为，这样读书有利于深入，有利于系统化。经过锲而不舍的苦学，他积累了丰富的知识。由于他基础厚，功底好，终于以优异成绩考取了某大学研究生。砌筑科学宫殿容不得半点偷工减料，如果谁想打乱次序，隔锅台上炕，那是绝不会收到好效果的。

2. 深入细致地理解

要使自己的知识达到系统化，必须深刻理解知识结构之间的关系。大家可能都有这种体会：凡是死记硬背的知识，尽管背得滚瓜烂熟，考试及格，但过了一段时间，也会逐渐淡忘，这是什么缘故呢？这是因为未能将这些知识纳入知识体系。所以，很难长久记忆，不求甚解是不行的。比如学习“前摄抑制”这一概念时，如果不懂得它属于心理学术语，就很难记住；但如果理解了这是“先学习的材料对后学习的材料的干扰作用”这个意思，弄清了它与遗忘的关系，把它纳入到心理学，特别是记忆研究的知识体系中来，便经久不忘了。

3. 一点一滴的积累

虽然科学知识有自己的系统性，但谁也不可能总是有计划有系统地接受知识。况且，无意识记还要为我们提供大量的零散信息。如果对这些信息置若罔闻，那实在是太可惜了。荀子在《劝学篇》中说：“不积跬步，无以至千里；不积小流，无以成江海。”道出了点滴积累的巨大意义。当点点滴滴的记忆知识，记忆经验纳入到记忆研究的体系之中时，便容易形成有系统的记忆了。

六、将识记材料“串”起来，记忆就变得一目了然

你听过这样一则歇后语吗？有人在斥责见钱眼开，见利忘义，满身铜臭，唯利是图的人时说：“四楞子脑袋——专门钻钱眼儿。”这是什么意思呢？有的年轻人可能会莫名其妙。原来，我国古时候曾以铜铸钱，中间留一方孔，叫作钱眼儿，四楞子脑袋是恰好钻方孔的意思。铜钱为什么要留钱眼呢？那是因为便于携带的缘故。如果是银元，即常说的大洋，用双手抓也抓不住多少，可是，用绳索串起来的铜钱便能一下子提起很多。我们记忆材料也是这样，如果识记材料像“大洋”，个个单摆独放，那就不容易记住；如果识记材料像“铜钱”一样能用绳索串起来，就好记多了。这

种“串起来”的方法就是提纲记忆法。

（一）提纲记忆法的好处

我国唐代古文运动的领袖，位于“唐宋八大家”之首的韩愈是个自学成才的大文学家。他自幼苦读，博览群书，“口不绝吟于六艺之文，手不停披于百家之编。”他非常注意做读书笔记。读记事著作时，总要提出纲要，弄清事情的产生、发展过程以及与其他事物的关系；读言论书籍时，总要勾出精义，对那些言论进行深入的研究，细致的分析。韩愈总结自己的实践经验，指出：“记事者必提其要，纂言者必钩其玄。”后代学者多尊奉这两句名言而刻苦治学。

马克思更是运用提纲记忆法的大师。他“特别重视做提要的工作，视为是一种通晓他所读过的材料的工作过程……他甚至还为他自己个人的藏书做提要。”（格略塞尔《马克思是怎样学习的》）他说：“从所有我读过的图书中做出提要，已经成为我的习惯，例如，我读列辛的《老孔僧》，索尔格的《伊尔文》，温克尔曼的《艺术史》，鲁登的《德国史》等等都是这样做的……”可以说，这位无产阶级革命的导师在学习和记忆方面也堪称导师。

所谓提纲，实际上就是一本书或一篇文章的主要脉络。编写提纲，就是对识记材料的分析、综合、概括。在提纲中，既要体现出材料的主要内容、精神实质以及相互间的逻辑关系，又要凸显出自己的语言风格，做到准确地表述。编写提纲的过程就是理解材料，巩固记忆的过程。正如我国著名心理学家曹日昌教授所说：“经过了自己的分析，用自己的语言作过提纲的材料，是比较容易记忆和保持的。”

（二）如何运用提纲记忆

1. 分析，即对识记材料的了解过程

对一本书，可以先看看内容提要和目录，从结构上弄清章节之间的关系，再看看著译者写的前言或后记，了解作品的写作背景和写作意图。对一篇文章，先浏览几遍，在了解全篇的基础上，划分段落，这就掌握了文章的整体及脉络，为编写提纲做好了准备。

2. 综合，即对识记材料的概括过程

在对文章划分段落的基础上，写出段落大意，并总结出全篇的主题思想，这就抓住了文章的主要环节。之后，再进一步找出文章的要点、难点，并用提纲的形式概括出来，这就是需要记忆的重点。

3. 表述，即对识记材料的总结过程

无论是一本书还是一篇文章，有些提纲表是人家早已编好的，如目录，可以借为己用。但是，“吃别人嚼过的馍没味道，”最好还是自己编写。合上书或文章，用自己的语言把经过分析、综合而印在头脑中的提纲表述出来，这将为你对识记材料的记忆奠定牢固的基础。

（三）运用提纲记忆应注意的事项

1. 量材而用

要根据识记材料的篇幅、分量而定是否用提纲法。如记唐代的绝句、律诗，宋代的长短句，元代的散曲，硬要提纲挈领，显然是画蛇添足。

2. 分清主次

要根据识记材料的内容，明确各部分地位，以主干为纲，使次要从略，决不能眉毛胡子一把抓，韭菜麦苗一齐割。

3. 及时复习

有了提纲也并不是能一蹴而就，一劳永逸的，在适当的时候多复习复习，试写几次，才能够根深蒂固，经久不忘。

第六章

趣味是一大法宝，刺激我们实现超级记忆

如果我们设法使枯燥的材料变得饶有趣味，如果我们设法使呆板的材料变得活泼生动，那是极有助于记忆的。在“趣味篇”里，你将学会怎样赋识记材料以生机，怎样深入挖掘识记材料的趣味，怎样使我们对识记材料从厌烦变为喜爱……好吧，让“趣味”刺激你的求知欲，引导你到知识的田地里开镰收割吧！

一、兴趣是最好的老师，记忆也如此

我有一位朋友，记忆力非常好。他是财经学院商业企业管理系的毕业生，可对历史学却相当精通。无论何时何地，只要一提起话头，他就会滔滔不绝地讲起来：一串串的历史年代，一桩桩历史事件，一个个历史人物……脱口而出，如数家珍。不仅如此，就是当今世界各国的重要人物，事件，国内各省的知名人士他也了如指掌，甚至能达到熟知其家谱的程度。实在话，我对此常常瞠目结舌，钦慕之余，我问他是怎样记住这么多知识的，他笑了笑说："我不过是对这些感兴趣罢了……"

（一）兴趣对记忆的影响

德国大诗人歌德说："哪里没有兴趣，哪里就没有记忆。"大家都有这样的体会，识记材料越有趣味，越容易记住。例如，与别人有约会，可能会爽约误期，可是与恋人的约会却绝不会忘却；对深奥的哲学著作，可能会望而生畏，可是捧起一本武侠小说却会废寝忘食；学习英语时，"love"（爱）"kisss"（接吻）等单词最容易记忆，这是因为它们会引起人们兴趣的缘故。

所谓兴趣，是指人们积极探究某种事物的认识倾向，它与人们的需要紧密相关。人饿了，就对食物感兴趣；人困了，就对睡眠感兴趣；爱打扮的姑娘对服装感兴趣；爱看球的小伙对球赛感兴趣……这是人所共知的。正是因为有兴趣，我国东汉时的科学家张衡才整夜整夜地数星星，然后绘成星图；法国昆虫学家法布尔才在骄阳下连续几小时观察昆虫；当代数学家陈景润才能如醉如痴地摘取皇冠上的明珠……兴趣引导人们不断进取，兴趣也帮助人们加强记忆，心理学研究证明了这一点。有位教育心理学家指出："有助于在学生的记忆中巩固教材的一些条件中，占着一定地位的是对所掌握的知识发生兴趣。教育学教师心理学教师的观察证明了，如果对课程的内容发生兴趣，只要付出很小的力量，则材料巩固得就比材料没有触动学生，而且使他无动于衷的时候，要持久得多。"大科学家爱因斯坦在自传中回忆学小提琴时说："我渴望着把异常优美的乐曲表达出来，就逼着自己提高演奏技巧，对于那些枯燥的乐谱也就容易记住了。我认为，对一切来说，只有'热爱'是最好的老师，它永远胜过责任感。"

那么，为什么兴趣会对人的记忆产生这么大的影响呢？原因有以下几点：

1. 兴趣会在大脑皮层中形成兴奋优势中心

一旦兴趣在大脑皮层中形成兴奋优势中心，这时脑神经就会处于积极的工作状态，不但不会感到记忆是一种负担，反而会处于一种陶醉或享乐之中。你可能有这样的体会：学习感兴趣的材料时，往往会忘记时间的流逝，即使时间长一些，也不觉得疲劳和困倦。与此相反，对那些厌恶的事物，厌倦的体验，则根本没心思去记，更谈不上记得牢了。创立精神分析的奥地利心理学家费洛伊德曾做出结论：意图是所有记忆和忘却的基础。所以，由于对识记材料不感兴趣，本身就留下了遗忘的"基因"。再说，没有兴趣时，脑神经正处于迟钝状态，对输入的信息态度必然"冷淡"，就像我们在心烦意乱的时候，不愿听一个老太婆唠叨一样，还谈什么记得住呢？

2. 兴趣会使我们集中注意力

根据心理学实验，测定出不同年龄的人保持高度注意力的时间是：7～10岁为20分钟，10～12岁为25分钟，12岁以上为30分钟。如果对识记材料发生浓厚的兴趣，保持注意力的时间就会大大延长。兴趣还能引起我们对事物的认真观察和积极思考，问几个为什么，求一求所以然。前面说过，细致的观察是记忆的基础，积极的思考对记忆大有益处，因此，兴趣对记忆必然产生促进的作用。同时，人们兴趣盎然的时候往往会表现出一种良好的情绪，这种良好的情绪可以焕发精神，刺激智力活动。根据最近科学家的研究，良好的情绪可以激发脑肽的释放，并认为脑肽是记忆与学习的关键性动力。兴趣使人精神振奋，毫无疑问，这对于加强记忆是有很大帮助的。

3. 兴趣对于人们的健康和智力有很大的制约作用

儿童的天真活泼，老者的暮气沉沉，其中就包含着兴趣的因素。对生活充满兴趣的人，必然是精神饱满，乐观处世，而对生活失去信心的人，就会精神颓萎，悲观厌世，忧郁感伤，势必影响身体健康。有这样一件事，20世纪初，一位德国革命者被关进监狱中的单人囚室，被强迫干单调的编草帽之类的活儿，许多人苦闷成疾，发疯或致死，越是年轻人，苦闷对健康的危害越大。那位革命者明白，唯一能自救的，就是对编织产生兴趣。于是，他满怀兴趣，精神饱满地去编织。就这样，漫长的时间变得短暂了；孤独的感觉变得淡薄了，出狱时，朝气蓬勃，斗志昂扬。你看，保护他的健康和智力，兴趣起了多大的作用啊！

兴趣能够挖掘出人们的内在潜力，许多科学家成功的秘诀都在于他们有强烈的兴趣。这里，我们不谈那些人所共知的科学家、音乐家、文学家等，只举德国一个“神童”的例子。那是一个多世纪前的事，德国牧师卡尔·威特有个公认天赋很低的孩子。牧师对孩子进行了早期教育，使小卡尔·威特逐步克服了记忆品质上的缺陷，八岁通六国文字，九岁进大学，十三岁成为哲学博士，十五岁出版著作，十六岁任柏林大学法学教授。那么，牧师用的是什么方法呢？告诉你，他就是通过诱导孩子的兴趣来启迪孩子的记忆和思维的。从天赋差的儿童为早慧的“天才”，兴趣显示出多么惊人的魔力啊！

（二）如何运用兴趣记忆法

有人曾做过这样的实验：在开始学习自己不喜欢的课程或进行自己厌烦的工作时，要主动表现出一系列形体的动作和精神的兴奋，比如，高兴地搓搓手，然后微笑着对自己说：“我喜欢你，植物学！我将高兴地去读书里所写的一切，我将高兴地去学习！”在他们的号召下，有三千多个学生参加了这项实验，最后，实验获得了成功。建议大家不妨试一试。不过，应该补充一点，只要你想做这个实验，需要二十一天时间。因为据某些心理学家研究，为了形成一种习惯，需要的时间不多不少，整整三个星期。

为了培养兴趣，需要明确目的。在实际生活中，偏偏有我们不感兴趣的学科，偏偏有我们不喜欢的工作，怎样发挥兴趣的优势去进行记忆呢？回避的路往往走不通。伟大的居里夫人说："我在我的工作中寻得了快乐。"实际情况就是这样，当你把学习与崇高的目标紧紧连接起来的时候，当你深入到知识的内部去探索和挖掘的时候，你的兴趣就可能被激发起来。你知道吗？数学家陈景润为了摘取哥德巴赫猜想这颗数学皇冠上的明珠，需要掌握几门外语？他因此先后对英、俄、德、日四种外语产生了浓厚的兴趣，在十几年的时间里，他经常三点钟就起床学习外语。张广厚也是这样，他小时候对数学并不感兴趣，甚至还因为数学成绩不好留过级。后来他知道数学用处很大，就开始钻研，越钻研兴趣越浓，以至于成为著名的数学家。由此可见，明确的目标是培养兴趣的肥沃土壤。

为了培养兴趣，可以开动脑筋，使枯燥的学习材料变得富于趣味性。例如学习历史，那些纯粹的史实使你烦闷时，应该调动自己的想象力，把历史知识戏剧化。陈胜、吴广起义一节编撰串成历史故事，你就会觉得容易了解和记住了。教师在教学中寓教于乐，引发学生的兴趣，常常会潜移默化地增进记忆。小学时，地理老师给我们讲吐鲁番盆地，他从孙悟空过火焰山讲到石头上烙饼，沙堆里焐熟鸡蛋等，这样一来，吐鲁番的气候特点就使我们永远难忘了。学外语也是这样，如有人问你英语单词最长的是什么？有人说是 extraterritoriality（治外法权），但有人却说，smiles（微笑）最长，因为两个 s 之间有一英里（mile），你一感兴趣，这个单词就记牢了。

如果兴趣被暂时的干扰因素抑制住了，那该怎么办呢？建议你试一试诱导法。当注意力难以集中，兴趣调动不起来时，马克思马上作微积分习题，果戈理反复在纸上写一句话，都会快速奏效。你可以强令自己从 1 数到 100，数错就另开始，一次不见效可以从 100 倒着数回到 1。你还可以倾听闹表的嘀嗒声，同时心里默记次数。总之，千方百计造成诱发兴趣的客观条件，即使这种条件消失了，由它点燃起的求知欲也能延续相当一段时间。

在心理学中，兴趣可分为有趣、乐趣、志趣三种。它们虽然都有增进记忆的作用，但又各不相同。有趣常常是稍纵即逝，一笑了之；乐趣总有些“乘兴而来，兴尽而返”，靠客观事物的趣味性诱发而来；志趣则带有目的性和方向性，是最高级的形态，它可以使人如痴如醉，废寝忘食，持之以恒地攀登成功的阶梯。宋代哲学家张载认为：“人若志趣不远，心不在焉，虽学无成。”所以，我们应该使自己的兴趣不断升华，把它与志向结合起来，从而让它在记忆中发挥更大的作用。

培养兴趣应该采取两条腿走路的方针。一方面培养广泛兴趣，一方面培养中心兴趣，二者是并行不悖的。广泛兴趣是中心兴趣的基础，中心兴趣又要求广泛兴趣的扩大。马克思曾说过：“关于人类的事物，我都要知道。”在这个广泛兴趣之上，马克思才“发现了人类历史的发展规律”，“还发现了现代资本主义生产方式和它所产生的资产阶级社会和特殊的运动规律”。（恩格斯）使中心兴趣得到了淋漓尽致的发展。因此，广泛兴趣与中心兴趣是缺一不可的。

二、把需要记住的材料编成故事

在学习中，我们经常会遇到零散的、枯燥的识记材料，它往往使人望而生畏，一筹莫展。这时，我们可以用编写故事的方法来消化识记材料，以达到记忆的目的。实践证明，这种方法是行之有效的。

故事，一般来说都是有情节，有趣味，具有形象生动，容易记住的特点。由于在编写故事的过程中，需要充分发挥想象力，加深对材料的理解，培养对材料的兴趣，所以采用这种方法自然而然就能强化记忆了。下面举几个例子。

化学课中记元素是使人生厌的事，那些单调的、乏味的元素名称总是容易从记忆的网孔中溜掉，比如细胞内包含的十八种主要元素就很不好记。对此，有人编了个小故事：细胞好比“生命工厂”。该厂需要的主要原料是碳、氢、氧、氮。该厂科技人员的代号通称六〇六（硫、磷、氯），他们手拿（钠）铁、镁、钙、钾（以上12种为细胞中的主要元素），他们吃的食物是同点心（铜、碘、锌），他们学习的内容是背古诗（钡、钴、锶）。这样，学生们就很容易地记住了这复杂的化学元素。

形式逻辑课中的名词术语、概念意义也是很抽象枯燥的。哲学内容一般来说是抽象的，理论性强，不容易在头脑中形成物象，也可以用编写故事法来解决问题。比如为了记忆物质和意识的关系，有人编写了一段对话故事。内容如下：

一天，物质和意识碰到一起，争论起究竟谁是本原，谁是派生，谁居第一性，谁居第二性的问题来。

物质抢先说："意识老弟，我是本原，你是派生的；我是第一性的，你是第二性的。别忘了，是我决定你！"

意识不承认，气恼地说："物质，你不要口出狂言，你要决定我，有什么根据？"

物质胸有成竹地说："你别不服，听我给你掰饽饽说馅。一，世界就是物质的，在你还没出世的时候，物质世界就存在了。而你却是物质世界长期发展的产物。对不？"

意识勉强点了点头。

物质又提高嗓门："二，你不过是人脑的机能，离开了人脑，你能存在吗？而人脑也是物质的。"

意识又无言可对。

物质更理直气壮："三，你的内容也是来自物质世界的，没有客观世界这一被反映对象，你能自行产生吗？"

意识听物质说得条条是道，句句在理，当然无言可辩，但是它并不善罢甘休，而是从另一个角度反击："你虽然决定我，但不要忘了我对你的能动作用。这种能动性唯我独有。这可是人类特有的认识世界和改造世界的能力呀！"

物质没提防这一着，惊讶地问："为什么？"

意识非常得意，拉长了嗓门说："这第一嘛，我不仅能反映事物的外表、现象，而且能够反映事物的本质、规律。你办得到吗？"

物质摇摇头。

意识又拍拍胸脯说：“第二，人类可以利用我对规律的认识，通过实践，有目的有计划地改造客观世界，来为人类服务。”

说到这里，它停顿一下，放小音量：“不过，任何人、任何阶级的我都具有能动作用，但不同的我所起的作用也是不同的。只有正确反映客观事物及其规律的我，才能对事物的发展起着积极的推动作用，而违反规律的我则起着消极的阻碍作用。”

物质似懂非懂地点点头。

这种故事性的对话就增添了生气和趣味，就容易记忆了。

学习历史也是这样，纯粹的历史事实往往给人以单调枯燥的感觉。这时，可以调动想象力，把历史编成有声有色的故事。如太平天国革命的过程，你可以把有关的历史小说找来读一下，对照需要记忆的历史事实，把小说缩写为生动活泼的故事，这样就便于理解和记忆了。

编写故事法的奥妙在于寓教于乐，目的是让人轻松愉快地记住无聊乏味的材料。不过，最好自己动笔编写，那会收到更佳的效果。

三、比喻是一种技巧，可以满足记忆的需要

人们写文章、说话总爱打比方，这是因为生动贴切的比喻不但使语言和内容显得新鲜有味，而且能启发人们的联想和思索。从而，比较容易地消化了知识，增强了记忆。

（一）比喻的妙处

比喻是一种常用的修辞手法，也是几千年来人们所用的思维方式和语言交流的辅助手段。战国时有个人叫惠施，是个比喻能手。有一次，梁惠王对他说：“你有话直说吧，不要打比方了。”惠施回答说：“不打比方怎能讲清道理呢？现在有人不知什么是‘弹’，别人告诉他，‘弹的形状像弹’，他能明白吗？”梁惠王笑了，“这怎么会明白呢？”惠施继续说：“如

果别人告诉他，‘弹’的形状像射箭的弓，用竹片做弓梁，用丝绳做弓弦，这样，他能明白吗?”梁惠王点点头:“这样说，没见过弹的人也会明白了。”惠施开始扣入正题，“为了说清事理，人们常用别人知道的东西去做比喻，从而帮助别人理解不知道的事物。你不许打比方，我怎么说清道理呢?”一席话，说得梁惠王点头称是。

从这段对话可以看出，运用比喻目的就是要把抽象的事理具体化、形象化，把深奥的道理讲得浅显易懂，把陌生的东西变为人们熟悉的东西，更快地说明问题，更好地交流思想。

比喻不仅有上述的作用，而且还与记忆有很密切的关系，那些新巧恰切的比喻常常给人留下难以忘怀的印象。

（二）比喻有助于记忆

1. 比喻有助于记忆，因为它形象化

例如，一代伟人毛泽东在论证中国革命高潮快要到来的形势时指出：“它（指中国革命高潮）是站在海岸遥望海中已经看得见桅杆尖顶了的一只航船，它是立于高山之巅远看东方已见光芒四射喷薄欲出的一轮朝日，它是躁动于母腹中的快要成熟了的一个婴儿。”这里一连用了三个形象生动的比喻，读过之后，尽管不能全文一字无误地背下来，但快要到来的中国革命高潮这个概念，已经化成为头脑中海中的航船、欲出的朝日、躁动的胎儿的物象，只要想到其中的一项其余的就会随之而出了。

2. 比喻有助于记忆，因为它新颖、新奇的想象

巧妙的比喻容易为人们所记忆，例如唐人贺知章的《咏柳》诗：

碧玉妆成一树高，万条垂下绿丝绦。

不知细叶谁裁出？二月春风似剪刀。

春风的物象并不鲜明，可是把它比作剪刀就独出心裁了。

第一次吟诵这首诗就给人以深刻的印象。本来前面的三句没有特别注意，但“二月春风似剪刀”一句异峰突起，会使人马上回头玩味前三句，柳树碧、柳枝绿、柳叶细，都是春风的功劳，于是，这首诗便记住了。如果你能对识记材料给以新颖的比喻，一定会收到经久难忘的效果。

3. 比喻有助于记忆，因为它具体化

有很多识记材料抽象性很强，难以记忆，通过比喻的手段使它们变为看得见摸得着的事物，就好记多了。如琴声，本来是靠听觉接收的信息，但转为视觉就要借助比喻之力。请看：

昵昵儿女语，恩怨相尔汝。

划然变轩昂，勇士赴敌场。

浮云柳絮无根蒂，天地阔远随飞扬。

喧啾百鸟群，忽见孤凤凰。

跻攀分寸不可上，失势一落千丈强。

这就是韩愈笔下的琴声。初起时，细微幽怨，如年轻男女交耳私语；继而，高亢雄壮，如勇士冲锋陷阵；一会儿，琴音悠扬轻快，似晴空浮云，风中柳絮；琴音和谐清亮，似众鸟争喧，孤凤引吭。接下去，起伏抑扬，骤然升高，急剧下落，戛然而止。这样，“听声类形”，头脑中可浮现所比事物的情状，给人以具体感和亲切感，等于用文字录下了琴音，也便于输入我们的记忆仓库。

4. 比喻有助于记忆，因为它浅显化

有些识记材料是枯燥的概念公式，一经比喻就会变为浅显易懂的事物。例如，生物学中，自由结合规律的实质是个难点，有人就用赛篮球的比方来加以说明：赛球时，同队队员必须相互分离，不能互跟，这好比位于同源染色体上的等位基因，在形成 F1 配子时，伴随着同源染色体分开而相互分离，体现了分离规律。赛球时，两队队员之间可以随机自由跟人，这又好比 F1 配子形基因类型时，位于非同源染色体上的非等位基因之间，则机会均等地自由组合，即体现了自由组合规律。赛篮球人所共知，用它来比喻枯燥的原理贴切恰当，自然就容易记住了。

运用比喻记忆法，实际上是增加了一条类比联想的线索，它能够帮助我们拉开记忆的大门。在学习、工作或生活中，你可以主动施用比喻法，如记人，见到对方以后，你可以在心里想：他胖得像狗熊；他瘦得像猴子；他的脸像螃蟹；他的头发像羊毛……这样，在回忆时，你可以通过比喻在头脑中浮现他的形象，记忆其他事物，你可以酌情裁夺。希望你试一试。

最后说明一点，比喻要形象贴切，如“翻滚的麦浪像历史的洪流一样”是不妥的。比喻要浅显易懂，如“他的慷慨陈词，像咖啡一样浸透人心”就不见巧妙。当然，随着你运用比喻次数的增加，你会逐渐掌握比喻的奥妙，逐步达到得心应手的程度。

四、改错最能加深记忆

“只有什么事也不干的人才不会犯错误”——这是一条不可否认的客观规律。但是，犯了错误则要求改正，改正得越迅速越彻底越好。俗话说“吃一堑长一智”，就是说犯过错误或吃过大亏以后，容易在头脑中刻下深深的印迹，甚至一辈子也忘不了。改错记忆法就是利用了这个原理。

错误、损失，容易对脑神经产生强烈刺激，因而会使人铭心镂骨。我的一位同事喜欢玩弄词汇，但又常犯读错字音的毛病。有一次，在大庭广众之下，他又将“造诣”读为“造 zhǐ”，同事老李马上和他开玩笑说：“你这个‘造纸’厂可净出废纸啊！”他还莫名其妙，等我解释清楚后，他显得很尴尬。后来，他非常注意汉字的读音，随身常带一本《新华字典》。经过一段时间的努力，他在文字上逐步有了“造诣”。可以说，这是改错获得的知识。

改错记忆法应用在教学上也是颇见效益的。有位教师做过这样的实验，他在教语文课时，故意把一篇课文读错了两三处，当时就引起了学生们的注意，在学生指出后改正过来。第二天，让学生们试忆这篇课文，结果证明，大家记得最清楚的是那几处读错改正的地方。可见，改错能帮助我们建立正确的记忆。根据这一原理，在语文、英语等学科的复习或考试时，有人编出了“改错题”，这的确是一种很好的形式。比如说改病句吧，通过找出病句的“病症”到对症下药“治疗”，能锻炼和提高学生寻找、鉴别和改正错误的能力，从而增强了对语法及语词的记忆。

运用改错记忆法首先要能够重视错误。大发明家爱迪生曾经说过：

"失败也是我需要的，它和成功一样对我有价值。只有在我知道一切做不好的方法以后，我才能知道做好一件工作的方法是什么。"在学习中，我们也应取这种态度，无论是考试卷还是作业本，凡是发现错号，就要引起警觉，然后找出错误之处，改正过来。反之，如果持"六十分万岁"的态度，分数高了洋洋自得，分数低了也无所谓，不但不能稍有补益，而且会一错再错，谬种流传。只有正确地认识错误，才有改正错误的可能。错误过失在思想上引起的震动越大，留在脑中的印象就越深。

改错记忆法的关键在于知错必改。对做错的题，干错的事，仅仅认识到错了不行，必须改正过来才好。恩格斯说："无论从哪方面学习部不如从自己所犯错误的后果中学习来得快。"改正才能巩固记忆。有一位年轻人，高考落榜了，他并不是一蹶不振，心灰意冷，而是总结经验，分析不足，奋力拼搏。他决心从改正错题开始。首先，他把自己的作业本，考试卷找出来，对每道错题都认真"诊断"，查出"病症"，然后大动手术。每题分错误标本、正确答案、借鉴教训三部分，依次排列。后来，他把这些编订成册，名之为《错题集》。这样，不仅弥补了知识上的漏洞，而且留下了深刻的印象。第二年高考，他顺利地跨入了大学的校门。他总结自己的经验说："在开始整理，收编《错题集》时，有许多错题需要登记，在这方面花了相当的功夫，当养成重视错题的习惯之后，需要登记的错题越来越少了。"你看，这位年轻人的做法不是值得仿效的吗？如果在学习和工作中，采取"误诊例"、"过失牌"、"错题集"一类的措施，一则为亡羊补牢，二则为前车之鉴，是大有益于记忆的。

改错需要及时。因为人的记忆有一种先入为主的特点。错误的信息和正确的信息一样，都具有一定的稳定性。唐人贺知章的《回乡偶书》一诗中说："少小离家老大回，乡音无改鬓毛衰。"为什么"乡音无改"呢？就是信息一经形成长时记忆就很难纠正了。学习外语的人一定有这样的体会，学过一段时间后，读音即使不正确也不容易改了。经验告诉我们：改正一个错误的记忆，要比记忆一条新材料困难得多。所以，记忆上的误差一经发现，必须马上校正，否则一误再误，后患不已。比如错别字吧，见一个改一个，才能少出笑话。如果积累到一起，那必将是很费工力才能解决的记忆负担。

改错不能局限于自己，更主要的是应该从别人的失误中吸取教训。“前车之覆，后车之鉴。”别人走的弯路我们大可不必也走一遭。学习和工作中，经常注意别人的过失错处，引为己鉴是非常必要的。读书时，可以画几个问号，这个观点对不对？这种方法好不好？这个词用得恰当不恰当？这个字是否错别字？错了的，马上标明改正；上课时。同学们谁答错了老师的提问，自己就该在头脑中给以纠正，接着要仔细听老师的讲解。照此推而广之，不但能增加知识的准确性，而且能使知识更牢固地植根于头脑之中。

善于改错是一种了不起的本领。我们应该提高识别过错的能力，缩短改正过错的时间，掌握改正过错的方法，以减少过错的次数，并发挥改错记忆法的作用，加深对正确知识的理解和记忆。

五、运算既动手又动心，数据在你脑中扎下根

在学习和工作中，大家经常会碰到一些需要记住的数据，尤其突出的历史年代和电话号码，这里再向你介绍一种“运算记忆法”，它会帮助一部分数据在你的头脑中扎根。

有一次，一个人忘记了家里的电话号码，本来是经常用的，就是一时想不起来。当时有人问他，他家附近的电话号码都是以哪个数码为头，因为他家在部队干休所，电话号码头是一样的。他说，都是以4为头，于是那人告诉他顺口念，从43开始。没念几个，他就高兴得蹦起来，“44016！”那人说：“这太好记了，四四一十六嘛！”

这就是运算记忆法。把需要记忆的数据化成简单的算式，会奇兵制胜，从另一个角度加深我们对数据的印象，下面举例说明。

1. 加法

李时珍于1578年写成闻名世界的药物学巨著《本草纲目》，可想为15 =7 +8；法国农民起义是1358年，可想为13 =5 +8。

2. 减法

周平王东迁，东周开始的时间是公元前770年，可想为7—7=0；日本幕府政治建立于1192年，可想为11-9=2。

3. 乘法

1644年清军入关，明朝灭亡，可想为：16=4×4；蒙古灭金时间是在1234年，可想为：12=3×4。

4. 除法

秦统一于公元前221年，可想为：2÷2=1；北魏灭亡西蜀是263年，可想为：2=6÷3。

5. 叠加法

（1）叠加一。三国建立的时间，北魏220年，西蜀221年，东吴222年，顺序是按加一递增；党的一大、二大、三大也是这样，1921年，1922年，1923年，按加一递增。

（2）叠加二。1917年的十月革命，1919年的五四运动，1921年的中共建党，顺序是按加二递增。

（3）叠加十。1901年《辛丑条约》签订，1911年辛亥革命爆发，1921年中共“一大”召开，1931年日本发动“九一八”事变，1941年国民党发动皖南事变，顺序是叠加十；1917年张勋复辟，1927年“八一”起义，1937年“七七”事变，1947年，中国人民解放军转入反攻，也是加十递增。

（4）叠加百。1689年《中俄尼布楚条约》签订，1789年法国革命爆发，1889年第二国际成立，顺序是叠加百。

在记电话号码时，如果你细心观察，就会找到很多这方面的窍门，例如2510、3515、2408、7963、4832、7214、3811、7714、8206……都可以用这种方法记忆。

对数据进行简单运算为什么能增强记忆呢？原因在于，你在某棵树下背过某道历史问答题，再见到这棵树时，就又想起当时背题的情形以及那道题来。你别小看一道简单的算式，它会为你的回忆留下一条引线，只要你想到其中的一两个数字，整个数据会“脱颖而出”。实在想不出时，你可以用“碰”的方法，默念一些数字就可能牵引出来。

六、抓住事物的特征，记忆不会随便遗忘

顾名思义，特征记忆法就是利用识记材料的特征来加深记忆的方法。有很多事物或知识，在整体上貌似印象很深，但抓不住特征就难以记忆；在形式或内容上非常相似，找不出各自的特征就容易混淆。而一旦发现了其特征所在，就会在头脑深处刻下深深的痕迹。

（一）特征与记忆的关联

某人对朋友说：“昨天我读了一首咏虎诗，真是妙笔生花，短短四句，把老虎写活了。”朋友说：“请你念给我听听。”那人想了想说：“头一句好像是什么什么虎，第二句大概是什么什么苦。”朋友说：“既然前两句忘了，就说后两句吧。”那人低头想了半天才说：“第三句真忘了，亏得第四句记得明白，是凶猛的意思。”……听起来，读咏虎诗的人确有感受，但需要回忆时，为什么“呼之不出”呢？因为他的感受只是个笼统的印象，而忽略了具体的特殊之处，所以，留在脑中的只不过是一般化的概念而已。当然是索尽枯肠无踪影了。如果抓住事物的特征，就一定能铭心镂脑，永记不忘了。

宋代有个叫米芾的，是著名的画家和书法家，虽然他是丹青高手，但品德却不怎么样。他擅长临摹，能达到以假乱真的程度。有一次，他见到一幅价格昂贵的《牧牛图》，那是唐代大画家戴嵩的真迹，自然极其珍贵了。米芾爱不释手，动了贪心，以鉴赏为名，临摹了一幅，并将真品留下了。临摹的《牧牛图》惟妙惟肖，连米芾都真伪莫辨。正当他洋洋自诩的时候，卖画人戳穿了他的骗局。原来，真本的牛眼珠中依稀可见一个小牧童的身影，靠着这一点儿特征，卖画人就记住真正的《牧牛图》了。

不同的材料或事物之间往往有许多类似之处，也正是因为这一点，往往也就容易混淆，互相干扰，难于记忆，即使记住也并非准确。要分辨就

要用发掘特征记忆法找出其各自的特征。因此把类比联想记忆法和发掘特征记忆法结合起来，既注意不同材料或事物类比相同的地方，又注意发掘不同材料或事物各自的特征，就可以获得更好的记忆效果。

阅读一本书时，有时你会发现，展开在眼前的书页自己一点也看不懂，于是慌乱之中赶忙再翻回第一页，又发现自己已经看了不少页了，可是这几页的内容却一点也没有记下来。这就是因为你是处于一种“放心”的心理状态中，这里所谓的“放心”是指不够专注。在记忆的时候不够专注是最危险的事。心不在焉时，你虽然两眼注视着要记的东西，但“心”却没有看见，因此就一点也记不下去。然而，即使没有到心不在焉的地步，你就这么茫然地看下去也是记不住什么的。如果你真有心要记，就得用“心”去看，也就是要仔细观察并抓住其特征。

（二）如何运用特征记忆法

1. 观察

观察是记忆的基础，只有观察细致，才能记忆扎实。世界短篇小说之王莫泊桑曾总结自己的切身经验说：“对你所要表现的东西，要长时间很注意地观察它，以便发现别人没有发现过的和没有写过的特点。任何事物里，都有未被发现的东西……最细微的事物里也会有一星半点未被认识过的特点。我们要去发掘它。”记忆也是这样，如果没有经过仔细地观察，在回忆时只能浮现笼统粗略的印象。

有位老师想要教学生画金鱼，在讲桌上放了一个装有金鱼的鱼缸，让学生每天都能看到金鱼。过了一阵子之后，突然有一天，老师用一块布把鱼缸遮了起来，叫学生依着自己的记忆画出鱼缸里的金鱼来。结果，竟然没有一个学生能正确地画出来，而且，每一个学生所画的鱼眼和鱼鳍都和别人的不一样。这告诉我们一个事实：学生虽然每天都看着金鱼，却没有观察到什么。所以，老师如果能同时指导他们该如何观察，相信他们一定能更正确地画出金鱼来的。

若要记得牢，必须观察好。你往自己的“记忆仓库”中储存多少东西，就只能提取多少，不能指望提取的更多。明代大画家唐伯虎在避雨时，曾为一个差役画了几个海螺，个个活灵活现，像要从纸上爬下来。海螺本来是不屑一顾的小动物，可到了唐伯虎笔下，为什么竟栩栩如生了呢？与其说他擅画，倒不如说是他善于观察的结果。当然，观察决不能“春风得意马蹄疾，一日看遍长安花。”而要按一定的步骤，有条不紊地进行。一般情况下，观察的顺序应该是从整体到细部的。首先要观察全貌，其次是各部分，最后是细节处。在整个观察过程中，都要注意寻找事物的特征，当你确认了事物的特征后，你就已经把它记住了。

看书学习也一样。只是茫然地看，是不会有什么正确的记忆的，必须仔细分析研究把握本质的东西，才会有持久的正确的记忆。这和画家在作画之前需先仔细观察所画物的特征及比例，才会有完美的作品的道理是一样的。

2. 辨别。

很多识记材料极其相似，容易混淆，只要认真辨别，同中求异，才能找出识记材料的特征。仍以莫泊桑为例，他母亲的朋友是法国著名作家福楼拜，莫泊桑拜福楼拜为师学创作时，福楼拜曾让他描写一位在杂货店门口的商人和一位吸烟斗的守门人。要求他不仅描写出他们的身姿外貌，还要表现出他们的内心世界，必须使福楼拜不至于把他们和任何别的杂货商、守门人混同起来。还有一次，福楼拜要求莫泊桑仅用一句话就表述出马车站前有一匹马与周围的五十匹马不同。这实在是困难事，它需要多么强的辨别能力啊。如果谁能达到这样的要求，那他一定会对所描写的事物有极深刻的印象。这种辨别的能力来自细致的观察和勤奋的挖掘，它为识记材料准确而迅速地输入大脑仓库打开了一个个绿灯。

比如识记汉字吧，用辨别的方法就卓有成效。汉字中大多数属于形声字，声旁表音，形旁表义，抓住这一特点，我们就可以进行辨别了。如模、膜、谟、馍、嫫、摹等几个字，都带“莫”旁。所以从“mo”音，这是其相同的部分。再从形旁辨别字义：模——模型，从“木”；膜——皮膜，从“月肉”；谟——计谋，从“言”；馍——食品，“从食”；嫫——嫫母（传说中的丑妇），从“女”；摹——仿效，从“手”。经过这样一辨认，这些字就容易记住了。学英语也是这样，如“blackboard”一词，我们可辨别出它是 black——黑的，和 lboard——木板的综合，便能记住它的意思是“黑板”了。在记忆时，有些事物的特征非常明显，一目了然，有些则需要下一定功夫才能辨别出来，不过，经过认真辨别后抓住的特征，是难以遗忘的。

3. 发掘

有些识记材料的本身并没有什么特征，怎么办呢？那我们就可以人为地赋予它一个特征，这种方法，姑且称之为“发掘”吧。这种方法常常用在记历史年代上。如蒙古灭金是 1234 年，“1234”顺序相连；法国大革命是 1789 年，前面是 17，后面两数和也是 17，再有后面三个数字顺序相连；美国内战中萨拉托加战役是 1777 年，英国侵略西藏是 1888 年，都是后面三位相同；努尔哈赤建立后金是 1616 年，马克思诞生是 1818 年，共产国际建立是 1919 年，都是前两位数的重复；郑成功收复台湾是 1661 年，《中俄伊犁条约》签订于 1881 年，四个数字从中间划开，两边对称；淝水之战是 383 年，“玄武门之变”唐太宗即位是 626 年，日本大化改新是 646 年，新罗统一朝鲜是 676 年，都是前后数字相后，中间夹一个别的数字……当然，如果你已经熟练地掌握了“数字记忆法”，记这些数据无须想别的方法了。记外语单词也可以人为地赋予或深入地发掘特征。比如英语单词 eye（眼睛），你只要想象 y 是英国人的勾鼻子，两个 e 是两只眼睛，就永远也不会忘记了。也可以琢磨英语单词的拼法和发音上的特征，如 high（高），可记住 hi 是发音部分，gh 是没有发音的，这是它最大的特征。

综上所述，观察、辨别、发掘，将会撩开事物的面纱，显露出其独具的个性特征。如果你能经常地带着找特征的想法去观察、去记忆，你将会收到意想不到的效果。

七、把脉事物的规律，记住就变得轻而易举

月有阴晴圆缺，人有生老病死，植物开花结果，时序春夏秋冬……宇宙间一切事物都在遵循着一定的规律而运动，正如古希腊唯物主义哲学家

赫拉克利特所说：“世界是包括一切的整体，它不是由任何神或任何人所创造的，它过去、现和将来都是按规律燃烧着、按规律熄灭着的永恒的活火。”规律记忆法就是分析事物规律以增进记忆的方法。

什么是规律呢？规律是客观规律和科学规律的统称，但通常指的是客观规律，科学规律则是客观规律在科学上的反映。规律所表现的是现象间在一定条件下所固有的、普遍的、必然的联系，这种联系在相同的条件下会重复出现。根据规律的这种普遍性和重复性，我们可以抓住它能够反复起作用，联系一大片的特点，找重点进行识记。而世界上任何事物又都有其自身规律，抓住规律进行记忆就方便多了。

把握事物的规律要善于分析，就是说，不能被识记材料的表面现象所迷惑。大家知道德国著名数学家高斯吧，他在小学时，有一次老师让他们计算 1 +2 +3……一直加到 100 之和。全班学生正挨个数相加的时候，高斯报出了 5050 的正确答案。原来，高斯发现 1 +100 =101，2 +99 =101，3 +98 =101……50 +51 =101，抓住这个规律，他就采用了 101 ×50 =5050 的简便算法，一举夺魁。看过这个小故事后，一般人都会记住从一加到 100 等于 5050 了，就是大家也知道了高斯发现的规律的缘故。如果要求你现在记住“1 3 7 9 13 15 19 21 25 27 31 33 37 39 43 45 49”这个数列，你一定很费脑筋，就是运用了“数字记忆法”也得记几分钟，如果对这个数列进行分析，发现它的规律是可分组为“1—3—7—9—13—15—19—21—25—27—31—33—37—39—43—45—49”第一组加 2 等于第二组，第二组加 4 等于第三组，再加 2，再加 4，以此类推。这样，很容易就会记住这个数列了。

把握事物的规律要善于总结。规律是大量事物的共性表现，而不是单一事物的独有个性。这就要求我们对同类事物进行归纳总结，从中提炼出规律来。如三角函数有五十四个诱导公式，但这些公式所表达的三角函数的关系却存在一个共同的规律，抓住这个规律，便可统一为“奇变偶不变，符号看象限”两句口诀。只要记住这十个字，就可以推导出全部的诱导公式了。又如初中化学里，百分之八十的化学反应是氧化——还原反应。这类反映比较复杂，既有电子得失，又有化合价升降，还要区分什么元素被氧化，什么元素被还原；什么物质是氧化剂，什么物质是还原剂。在学习中，探求它们的共性可知：原子或离子失电子，化合价升高，元素被氧化，物质就是还原剂，并进而总结为“失电子，升了价，被氧化还原剂。”一句话，这样就抓住了规律，记忆这类化学知识就有了依据。但是，如果识记材料是单一的，如一个术语，一个地名，一个汉字等因为是单一的，没有参照物，就无所谓提炼共性和总结规律了。

把握事物的规律还要求善于理解，弄清事物各部分之间的关系。数理化课本中的定理、定律、公式很多，如采用机械记忆法效果一般，而在理解的基础上找出规律，则记忆效果是很好的。如欧姆定律的公式 $I=V/R$，首先应该理解电流与电压的关系成正比，与电阻的关系成反比的规律，然后再记忆就容易多了。

大家知道，在现代汉语中，构成句子成分的主、谓、宾、补、定、状语关系复杂，很多人感到头疼，不好划分。在弄清它们之间的关系的基础上，可简记为“主谓宾、定状补，主干枝叶分清楚，基本成分主谓宾，附加成分定状补。定语必在主宾前，谓语前状后面补。”这是句子成分相互关系的规律，记这几句话就省力多了。

第七章

打开音韵之门，超级记忆不再是传奇

音韵有着“神奇”的功能：识记材料晦涩深奥吗？它可以使其变得浅显易懂；识记材料句式不齐吗？它可以使其变得井然有序；识记材料繁多庞杂吗？它可以使其变得短小精悍；识记材料枯燥无味吗？它可以使其变得生机盎然。实践告诉我们，恰当地运用谐音、歌诀等音韵方面的记忆方法，将使你大大地减轻记忆的负担。

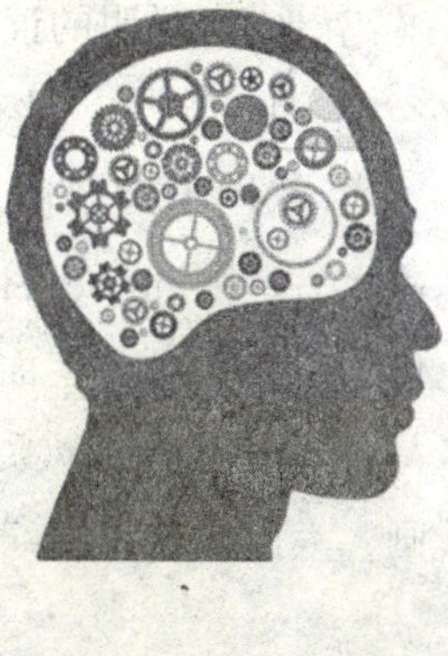

一、根据谐音强化记忆

在汉字中，有很多字属于同音字，有更多的字读音相近似。字与字的读音相同或相似，就叫谐音。借助谐音，赋予材料以引人入胜的意义，常常能收到简便易记而经久难忘的效果。

谐音常常与双关结伴而行。谐音双关语是我国历代民间情歌的习惯表现方式，它往往取材于眼前景物，生动而又含蓄地表达出微妙的感情。如南朝的《七日夜女歌》，内容是这样的："婉娈不终夕，一别周年期，桑蚕不作茧，昼夜长悬丝。"诗中"悬丝"是"悬思"的谐音，形象地抒发了会少离多，朝思暮想的情思。你一定读过唐代著名诗人刘禹锡的诗吧！他的一首《竹枝词》写道："杨柳青青江水平，闻郎江上唱歌声。东边日出西边雨，道是无晴却有晴。"诗中"晴"与"情"谐音，语意双关，委婉含蓄地揭示了一位初恋少女的内心世界。

谐音方法在民间广为流传，是民间文学艺术的瑰宝。例如有一个谐音谜：旧社会某个春节，一位饥寒交迫的农民把一副奇特的对联写在破门框上，抒发穷苦人对统治阶级的愤怒心情。对联的左边是"二三四五"，右边是"六七八九"，横批是："南北"。聪明的读者一定可以看出，这副对联暗含着缺"衣"（一）少"食"（十），没有"东西"的意思，其中"衣"和"一"，"食"和"十"就用了谐音法，这是多么奇妙的艺术讽刺！再如有一幅谐音画：慈禧太后造颐和园，召山东著名画师李奎元进京作画。李奎元在一个屏风上作了一幅大画，上面画着一个胖小子，跪在午门前，手托大红寿桃，背景是各国军旗招展，兵马成行，威严列阵。画完后，慈禧带着文武大臣来看画，大臣们众说纷纭，这个说画的是"仙童祝寿”，那个说画的是“万国来朝”……慈禧还算聪明，她看了一会儿，勃然大怒，要杀李画师，可是李画师已经逃走了。原来，这是一幅谐音画，意思是“临阵托桃（脱逃）”，辛辣地讽刺了慈禧等人投降卖国的丑恶行径。谐音法在歇后语中更屡见不鲜。如：老虎拉车——没人敢（赶）；十冬腊月生人——动（冻）手动（冻）脚的；三尺长的梯子——答（搭）不上言（檐）；旗杆上插鸡毛——好大胆（掸）子……综上可知，谐音法在群众中是很有生命力的。那么，谐音法为什么能够提高记忆效果呢？这其中的奥秘就在于它的双关性。通过谐音，可以使识记材料具有了双重意义。这样，一开始，识记材料便成双结对地输入大脑，并分别与大脑中已有知识结构的不同层次相结合。等到我们去回忆提取时，自然就多了一条渠道，这时只要双关语的此一侧面能够再现，那么彼一侧面也往往随之而出。根据这一原理，我们可以对某些零碎的、散在的、毫无意义的材料进行谐音处理，以形成新奇有趣的语句，这样就容易输入和方便提取了。

（一）谐音双关法

无论在学习中还是在生活中，总免不了要记住一些数字，如年代、常数、门牌号以及电话号码等。这些数字虽经多次复述，但只能在短期之内记住，时间一长，可能就忘了。如果借助谐音联想，设法找出这些数字与某一经验之间的联系，使无意义的数字变成富有意义、引人入胜并且生动形象的材料，识记起来就容易多了，而且经久难忘。

谐音法是如何提高记忆效果的呢？其中的奥秘就在于它的双关性。通过谐音，可以使识记材料具有双重意义。这样，一开始识记，材料便成双结对地输入大脑，并分别与大脑中已有的知识结构的不同层次进行结合。等我们进行回忆加以提取时，自然就多了一条渠道。换句话说，只要双关语的一个侧面能够再现，那另一侧面也随之而来。

谐音可以使无意义的材料变为有意义的材料，帮助人们进行记忆。

例如，清军入关是1644年，可记为“一溜死尸”。因为清军入关尸横遍野。

又如，白求恩同志生于1890年，死于1939年，可记为“白求恩一把

(18）手术刀救死（90）扶伤，自己却牺牲在三九（39）天”。这样就轻而易举地把白求恩的医生形象和他的生卒年联系起来，记起来就容易多了。

谐音可以使枯燥乏味的材料变为生动有趣的材料，使人愉快地记忆。

从前有个私塾先生爱喝酒，一天，先生给学生们布置了一道题目，他要求学生们在放学前把圆周率背到小数点后30位，如果背不出来，就不准回家。先生说完，就在黑板上写下了一串长长的数字，然后就出门了。

学生们望着这一长串数字3.141592653589793238462643383279，个个愁眉苦脸。但是想到背不出就不准回家，学生们只好摇头晃脑地背起来，有一个顽皮的学生溜出私塾，跑到后山去玩。忽然，他发现先生正与一个和尚在山顶的凉亭里饮酒作乐，就扮着鬼脸钻进了林子。

夕阳西下，老师酒足饭饱，回来考学生。那些死记硬背的学生结结巴巴．背不出来，而那个溜出去玩的学生却背得清脆顺溜，先生觉得非常奇怪。

原来，这个学生在林子里看到先生时，灵机一动就把要背诵的数字编成了谐音咒语：“山巅一寺一壶酒，尔乐苦煞吾，把酒吃，酒杀尔，杀不死，遛尔遛死，扇扇刮，扇耳吃酒。”他一边念，一边指着山顶做喝酒、摔死、遛弯、扇耳光的动作，念叨了几遍，很快就把它记住了。

（二）按周期记忆

第一周期：“氢氦”。（谐音：轻嗨。）它似乎告诉我们一个喜讯，背元素周期表并不难。

第二周期：“锂铍硼碳，氮氧氟氖。”（谐音：狸皮捧炭，蛋养费奶)。前一句是用狐狸皮捧煤炭；后一句表述了一个真理：凡是蛋里孵养出来的都不吃奶。

第三周期：“钠镁铝硅，磷硫氯氩。”（谐音：拉美旅归，林柳路呀!）意思是一个人从拉丁美洲旅行归来，看到路旁绿柳成荫，由衷地发出感慨：林柳路呀!

第四周期：“钾钙钪钛钒铬锰，铁钴镍铜锌镓锗，砷硒溴氪。”（谐音：

贾盖抗袋烦落猛，铁箍裂桶新家者，身洗臭壳。）意思是：名字叫贾盖的人抗袋子累了，心里烦躁，把袋子摔落到地上，气势很猛，带铁箍的裂桶是新搬来的人家的，从身上洗去臭壳吧。

第五周期：“铷锶钇锆铌钼锝，钌铑钯银镉铟锡，锑碲碘氙。”（谐音；如思已告尼目的，钌铑把人隔音息，涕地点三。）意思是：如果让你思考一个问题，却又把答案告诉你了，那就没什么目的了。钌铑把人锁住与外界隔断了音息，他心里难过，涕泪挥到地下三点。

第六周期：“铯钡镧铪钽钨铼，锇铱铂金汞铊铅，铋钋砹氡。”（谐音：塞被拦河旦勿来，俄依铂金供他钱，必破挨轰。）意思是：要用塞棉被的办法把河流拦起来，这种蠢事“旦勿来”不要去干。俄国依靠铂金供他钱用，这样下去必定破产挨轰。

这一周期还有15个镧系元素：“镧铈镨钕钷钐铕，钆铽镝钬铒铥镱镥。”（谐音：南市普女叵煞有，札特敌火耳丢一了）。意思是：南市场上一位普通女人颇为富有，和一个叫札特的敌人开火打仗耳朵丢掉一个了。

第七周期：“钫镭锕”（谐音：防雷啊！）是对我们的一个警告。

这个周期还有15个锕系元素：“锕钍镤铀镎钚镅，锔锫锎锿镄钔锘铹。”（谐音：阿土扑油拿布抹，锔被开开废门喏牢。）意思是：阿土这个人扑到油上弄脏了，拿布揩抹；为什么门锁（锔）被开开了，因为是个破废之门，不牢靠。

（三）按“族”记忆

ⅠA族：“氢锂钠钾铷铯钫。”（谐音：清理拿甲如设防。）意思是：面对强敌，清理东西，拿起盔甲，如同设防一样。

ⅡA族：“铍镁钙锶钡镭。”（谐音：披美盖，是贝类。）意思是：披着美丽的硬壳的动物，是贝类动物。

ⅢA族：“硼铝镓铟铊。”（谐音：朋侣嫁因他。）意思是：所以嫁给他，因为他是朋友，可以做伴侣。

ⅣA族：“碳硅锗锡铅。”（谐音：探贵者，西迁。）意思是：因为我国西部多宝藏，所以勘探贵重矿物的人，应该到西边好。

ⅤA 族：“氮磷砷锑铋。”（谐音：淡鳞，身剃毕。）意思是：鱼身上只剩下很少的鳞片，因为鱼的身体已经刮完鳞了。

ⅥA 族：“氧硫硒碲钋。”（谐音：羊流西地坡。）意思是一大群羊在西边坡地上流动。

ⅦA 族：“氟氯溴碘砹。”（谐音：佛路嗅点艾。）意思是：没钱买香，焚艾也能避邪，所以在朝佛的路上只好嗅一点艾味了。

O 族：“氦氖氩氪氙氡”。（谐音：咳！奶伢克山东！）意思是：咳！一个吃奶的孩子就把山东攻占了！

ⅠB 族：“铜银金”；ⅡB 族：“锌镉汞”；ⅢB 族“钪钇镧锕”。（谐音：同人今，心隔孔，炕已烂啊。）意思是：在一起共事的同人至今还不团结（心隔孔），没人维修，结果火炕已经烂坏了，

ⅣB 族：“钛锆铪”；ⅤB 族：“钒铌钽”；ⅥB 族：“铬钼钨”；ⅦB 族：“锰锝铼”。（谐音：抬高盒，贩泥蛋，落木屋，猛打烂。）意思是：抬一个很高大的盒，去贩卖盐蛋（盐蛋用泥腌），晚上到一个木头房子里休息，放得太猛把蛋打烂了。

ⅧB 族：“铁钌锇，钴铑铱，镍钯铂。”（谐音：贴了我姑老姨，捏八百。）意思是：补贴了我的姑老姨，捏着八百块钱。

二、利用歌诀记忆，给大脑减压

你读过《三字经》、《百家姓》、《千字文》吗？它们都是我国古时候幼童的启蒙课本，都有句式整齐，音韵和谐，宜于吟诵，容易记忆的特点。清末民初的民主革命家章太炎先生说：“儿童记诵，本以谐于唇吻为宜。古人教字，多用此体。”这指的就是歌诀记忆法。

（一）认识歌诀记忆法

有节奏有韵律的材料，比没有节奏没有韵律的材料要好记得多，歌诀

记忆法正是利用了这一规律。心理学实验指出，十个无意义无韵律的字，需要背诵二十三遍才能记住；而十个无意义有韵律的字，只用十四遍就可以全部记住。宋代著名文学家苏轼有一首千古流传的《水调歌头》词，内容是这样的："明月几时有？把酒问青天。不知天上宫阙，今夕是何年。我欲乘风归去，又恐琼楼玉宇，高处不胜寒。起舞弄清影，何似在人间！转朱阁，低绮户，照无眠。不应有恨，何事长向别时圆？人有悲欢离合，月有阴晴圆缺，此事古难全。但愿人长久，千里共婵娟"。这首词久负盛誉，脍炙人口，很多人都能背得出来。可是，这首词的前面有段小序："丙辰中秋，欢饮达旦，大醉，作此篇兼怀子由。"就很少有人能准确记忆了，笔者测试过不少人，都是这样。究其原因，很主要的一点就是词有韵律富于音乐的节奏，朗朗上口，易于记忆：而序没有韵律，节奏又缺乏乐感，较难背诵。

歌诀记忆法要求语言编码韵律化，这样，需记忆的材料便具有下面的特点：

1. 语音和谐，节奏鲜明，顿挫有致，朗朗上口，容易引起人们的兴趣和注意。实践证明，用快板、歌曲、顺口溜搞宣传，比照本宣读大块文章容易使群众接受。

2. 语言精练，句式整齐，化烦冗为简短，变凌乱为有序。这样，既便于存储，又利于检索。如唐代大诗人杜甫在安史之乱中被掳，带到叛军盘踞的长安，国仇家恨，万千思绪，纵有洋洋万言也难以尽意。但是，杜甫只写出了一首五律——《春望》，才四十个字，多么凝练啊。况且通篇五字一句，忘一句便是五个字，这如何是好，但不要紧，我们只要从音韵，从意义方面去推想，或吟诵上下句，或追记上下联，珠联璧合，就可能很快地将全诗回忆起来。

（二）歌诀记忆法的方法

歌诀记忆法要求我们把长篇累牍的材料，零碎散乱的知识编成合辙押韵的歌诀，以便于识记、贮存和提取。那么，编歌诀有哪些方法呢？下面的方法可以帮助你提升自己的记忆。

1. 罗列法

如《标点符号歌》：

一句话说完，画个小圆圈（。句号）；
句中有停顿，小圆点带尖（，逗号）；
并列词句间，点个瓜子点（、顿号）；
并列分句间，逗点顶圆点（；分号）；
引用原话前，上下两圆点（：冒号）；
疑惑或发问，耳朵坠耳环（？问号）；
命令或感叹，滴水下屋檐（！感叹号）；
引文特殊词，蝌蚪上下窜（“”引号）；
文中要注解，月牙分两边（（）括号）；
转折或注解，直线写后边（——破折号）；
意思说不完，六点紧相连（……省略号）；
强调词语句，字下加圆点（·着重号）；
书名要标明，四个硬角弯（《》书名号）。

再如《现代汉语修辞歌》：

比喻、借代、比拟，
夸张、双关、反语，
设问、反问、反复，
对照、对偶、排比。

又如《文言虚词用法歌》：

“曰”后冒（：）
“哉”后叹（！）；
“盖”“夫”大多在句首，
“于”“而”一般在中间，
“耶”“乎”经常表疑问，
“矣”“耳”后面加固圈（。）；
“也”“者”作用表停顿，
或句（。）或逗（，）酌情看；

"谁、孰、何、胡、曷、恶、乌"，

疑问代词加"奚""安"；

"吾、余、予、我"代自己，

"汝、若、乃、尔"当"你"看。

2. 概括法

从学习材料的意义着眼，提取其精华部分编成歌诀，如《历代农民起义歌诀》：

陈胜吴广揭竿起，刘邦项羽诛暴秦。

绿林赤眉灭新莽，黄巾起义反东汉。

隋炀帝，施暴政，群雄聚义在瓦岗。

黄王起兵为百姓，冲天将军入长安。

元末义军裹红巾，改朝换代朱元璋。

李自成进北京，崇祯吊死万岁山。

洪杨率领太平军，攻占南京作天京。

坚持反清十四年，中外敌人梦魂惊。

这首歌诀各有侧重地将一些起义的重要特色、主要活动范围、重大功绩、坚持斗争的时间等勾勒出来了。

如《朝代歌》：

夏商周秦西东汉，三国两晋南北朝。

隋唐五代更两宋，元明以后是清朝。

夏朝以来四千年，公元前后各两千。

东汉以后公元后，西汉以前公元前。

秦始元前二二一，汉始元前二0六。

晋始公元二六五，隋朝统一五八九。

唐兴公元六一八，一三六八明开国，

宋兴公元九六0，一六四四清继明。

如《古文今译口诀》，内容是：

古文翻译，有其顺序。首览全篇，

掌握大意；先明主题，然后分段。

由段到句，由句到词，全部理解，

篇连一起。难解句子，则需心细，

照顾前文，联系后句，仔细斟酌，

揣摩语气，要求做到，合情合理，

词句间段，联系紧密，跳跃句子，

补出隐意，加上括号，表明增益。

人名地名，不必跳译。人身称谓，

掌握惯例，吾余为我，尔汝是你。

常见虚词，没有定意，对待之法，

因句而异。全篇译完，还须仔细，

逐句对照，体会语气，句子流畅，

错字无迹，标点符号，也要查对，

改无可改，方可搁笔。

如《作文三字诀》：

写作文，要记清，观点明，有感情。取题材，抓典型，打腹稿，定中心。各段落，安排定，提起笔，一气成。写完后，仔细吟，反复查，找毛病。闲话语，删干净，关键事，讲详尽。错别字，要留心，多修改，誊写清。

3. 简缩法

如《二十四节气歌》：

春雨惊春清谷天（立春、雨水、惊蛰、春分、清明、谷雨），

夏满芒夏暑相连（立夏、小满、芒种，夏至、小暑、大暑）；

秋处露秋寒霜降（立秋、处暑、白露，秋分、寒露，霜降）；

冬雷雪冬寒又寒（立冬、小雪、大雪、冬至、小寒、大寒）。

再如《我国主要山脉歌》：

（一般海拔在一千米以上，共 27 座。其中大兴安岭、秦岭、南岭称岭，其余均称山。此歌诀简略了山或岭字。）

喜马拉雅、冈底斯，

喀拉昆仑、大雪天；

阿尼玛卿、博格达，

可可西里、大兴安；

念青唐古拉、横断，

昆仑、唐古拉、祁连；

大巴、长白、武夷、阴，

巴颜喀拉，秦岭，南；

阿尔泰、太行，吕梁，

阿尔金、罗霄、台湾。

（注意：背诵时可不受隔点限制，节奏感会更强。）

4. 形象法

有位老师在教汉语拼音字母时，用形象法给学生们编了些顺口溜，如：

6 是玻（b），反 6 得（d），

一门讷（n），二门摸（m）；

拐棍佛（f），伞把特（t）；

小棍赶猪勒勒勒（l）。

再如托儿所小朋友们学的《数字歌》：

1 像铅笔细长条，2 像小鸭水上漂：

3 像耳朵听声音，4 像小旗随风摇；

5 像秤钩来卖菜，6 像豆芽咧嘴笑；

7 像镰刀割青草，8 像麻花拧一遭；

9 像饭勺能盛饭，10 像鸡蛋做蛋糕。

此外，还有特征法、对比法等，还可以多种方法综合运用。

歌诀记忆法历史悠久，应用广泛。大家熟知的如《九九乘法表》、《英语字母歌》、《珠算口诀》、《中医汤头歌》、《中国地理三字经》、《中国历史七言诗》等，特别是许多农业谚语，气象谚语更是劳动人民勤劳和智慧的结晶。歌诀记忆法深受群众欢迎，它像“拐杖”一样，帮助人们攀登记忆的高峰。

（三）运用歌诀记忆法注意事项

1. 不难记的无须编歌诀

编歌诀时要根据识记材料的具体情况而定，如果识记材料不常用或不复杂，那大可不必画蛇添足编歌诀。

2. 歌诀最好由自己编写

自己创造的东西容易在大脑中留下深刻的烙印，在诵记时有一种亲切感，同时，自己编写的过程又是对材料的总结消化过程，在诵记时有一种熟悉感。

3. 歌诀一定要准确简练

歌诀一定要忠实于识记材料，编写中不能出现张冠李戴，顺序颠倒等现象，否则难以引起正确的回忆。歌诀一定要简短明了，不宜过长，否则在诵记前容易使人望文生畏，产生恐惧感；在诵记中容易使人丧失信心，产生厌倦感。

4. 对别人编的歌诀要认真理解

从古至今，在各行各业，在多种知识的学习上都有人编过许多易学好记的歌诀，我们大可以讲点儿“拿来主义”，古为今用，人为我用．但是一定先要把歌诀与识记材料相对照，弄清歌诀对识记材料的概括情况，真正理解歌诀的意义，这样才能够记得快，记得牢，记得准。

三、用好韵语记忆法，任何困难都不怕

歌诀近似于顺口溜，通俗易懂，简单明了，易于吟诵；而韵语则比较艰涩拗口，简短凝练，高度抽象，它与“字头记忆法”很相似，只是音韵性强些，句式整齐些罢了，下面介绍两例：

我国著名的史书《二十四史》的作者很多，很难记住他们，利用韵语记忆就变得非常简单，内容如下：

司马班范陈房沈①，一肖二姚魏李桒②。

征寿刘煦欧阳宋[3]，薛修脱濂廷玉臣[4]。

①司马迁——《史记》，班固——《汉书》，范晔——《后汉书》，陈寿——《三国志》，房玄龄——《晋书》，沈约——《宋书》。

②肖子显——《南齐书》，姚思濂——《梁书》、《陈书》，魏收——《魏书》，李百药——《北齐书》，令狐德棻——《周书》。

③魏征——《隋书》，李廷寿——《南史》、《北史》，刘煦——《旧唐书》，欧阳修、宋祁——《新唐书》。

④薛居正——《旧五代史》，欧阳修——《新五代史》，脱口等——《宋史》、《辽史》、《金史》，宋濂——《元史》，张廷玉——《明史》。臣是为了凑韵脚。

我国少数民族共有五十五个，很多少数民族名不好记，为此我们编了一组韵语，内容如下：

蒙回藏苗壮布维[1]，鲜满侗瑶白土彝[2]。

哈傣傈佤畲哈尼[3]，拉柯纳景东土黎[4]。

达仫羌布撒怒水[5]，阿仡乌毛普高锡[9]。

崩俄鄂鄂保京裕[7]，独赫珞塔塔门基[8]。

①蒙古、回、藏、苗、壮、布依、维吾尔族。

②朝鲜、满、侗、瑶、白、土家，彝族。

③哈萨克、傣、傈僳、佤、畲、哈尼族。

④拉祜、柯尔克孜、纳西、景颇、东乡、土、黎族。

⑥达斡尔、仫佬、羌、布朗、撒拉、怒、水族。

⑥阿昌、仫佬、乌孜别克、毛难、普米、高山、锡伯族。

⑦崩龙、俄罗斯、鄂温克、鄂伦春、保安，京、裕固族。

⑧独龙、赫哲、珞巴、塔吉克、塔塔尔、门巴、基诺族。

这样，前列记住 28 个字，后例记住 56 个字，就把这两大项内容牵起来了，韵语记忆法的关键所在就是韵语的每个字都要熟悉其所指，才能发挥作用。

各个学科，各行各业都编过不少“内部韵语”，因为不同行业之间这类韵语的共通性并不强，所以往往需要自己动手。

四、编好字头，轻松记忆不费力气

编写适合于自己头脑韵律的歌或有意思的句子，把要记的材料记忆下来，会成为终生难忘的记忆。

一位心理学者至今还记着上小学时老师教他识别月份的办法。老师曾在黑板上写着 2、4、6、9、11，等数目，然后教学生说："儿（2）子死（4）了 6 天，狗（9）叫了 11 天，刚好是 30 号那天。"当时他还是一个孩子，觉得很有趣，那天的情形至今还留在他的脑海里。任何人在小学时代都可以学到一年中 2、4、6，9、11 等月份是小月，只有 30 天，没有第 31 天。事实上，从那天以后，他绝不会忘记哪几个月是小月，因为这种形象化的短句，深深地印在他的记忆里。假使老师没有教他这样记，也许有时他会缺乏自信的去翻日历，以确定哪个月是小月。

以首字开头，将所有的字排列在一起，造成有韵味、有意思、有趣味的文章或句子，对于数字或字母，无论多长都会很容易地刻入大脑里。以自己容易记的韵律，编出字头的歌，就可以永远的记住。人人都可以编造适合于自己头脑韵律的歌，把要记忆的材料记下来，会使记忆持久。

我国的"四大牧区"包括内蒙、新疆、青海、西藏。可记为四大牧区，内心（新）清（青）晰（西）。

我国的"六大古都"包括北京、西安、洛阳、南京、杭州、开封。可记为：南西北，开航（杭）啰（洛），意思是：向南西北三方面开始航行啰！

我国主要煤矿可记为：

大阳鸡（大同、阳泉、鸡西）；

开峰抚（开滦、峰峰、抚顺）；

淮六鹤（淮南、六盘水、鹤岗）；

淮平阜（淮北、平顶山、阜新）。

在头脑中想象：我国煤矿里有一只"大洋鸡"到"开封府""怀"了

“六”只“鹤”，“怀”时还是“平腹”。

我国主要海港可记为：

大连宁青烟（大连、连云岛、宁波、青岛、烟台）；

广厦湛温汕（广州、厦门、湛江、温州、汕头）；

秦福上北海（秦皇岛、福州、上海，北海、海口）；

基隆高雄天（基隆、高雄、天津）。

在头脑中想象：大连市凝（宁）着青烟，“广厦”站（湛）在温山（汕），一个叫秦福的上“北海”去玩，鸡笼（基隆）里有个高熊（雄）在望天。

这种记法简单有趣，但是在开始时需把字头编成有意义的语句，这是要下点功夫的，不过，一经编好，便终生难忘。

下面的几个例子读者如有兴趣不妨试一试：

按照距离太阳远近的行星顺序，从第一个字头排列出来就是“水、金、地球、火、木，土、天王、海王、冥王”等9大行星，把这些字编入你最熟悉的童歌或流行歌曲里唱，就永远不会忘记。

记颜色的种类，排出来的顺序是“红、橙、黄、绿、青，蓝、灰、黑、自、茶、褐、紫”等颜色。

记金属的离子化倾向，就排列成为“K、Na（苏打）、Ca、Mg、Zn、Al、Fe、Ni、Sn、Pb、Cu、Hg、An、Pt”。

模仿英语字母歌，自己编一首歌，也会很容易地记忆下来。

五、“地球之歌”是记忆的重要媒介

春水潺潺，夏雷阵阵，秋风瑟瑟，冬虫寂寂，大自然以独特的方式合奏出了一曲多音部的“地球之歌”。的确，人类生活在大自然之中，每时每刻都要与声音打交道，各种各样的声音，组成了一个喧嚣的世界。自然界的万事万物永无休止的运动中发出各种声响：狂风怒号、霹雷轰响、惊涛拍岸、小溪潺潺、蚕食桑叶、蛙噪荷塘、虎啸猿啼、鸟语蝉鸣……人类社会也无时无刻不“制造”着各种声音：开矿在爆破、筑堤在打夯、马达在运转、列车在奔驰、闹钟在报时、老人在交谈、孩子在歌唱……所有这一切，构成了一支奇特的交响乐，演奏着一支繁杂的“地球之歌”。

（一）我们处在音响世界里

音响，给人类社会带来了极大的方便。通过声音，人们相互交往，例如学校中的讲课、商店里的营业、机关内的会议都离不开音响。通过声音，人们享受艺术，例如听相声、看影剧，特别是欣赏口技演员和歌唱家的表演；在音响中，人们进行着发明、创造；在音响中人们进行着生产、贸易；在音响中，人们进行着社会生活……

大家知道，所谓听觉记忆，指的是耳朵接收音响的能力。这一点是非常重要的。例如：一名报务员，在复杂的电波干扰中，要及时捕捉住联系台的每一个信号，并及时译出电文，这就需要有良好的音响记忆。军队里习惯用号声传达命令。如集合号、熄灯号、开饭号、冲锋号乃至通知某连某排干部的特定号声……这些都要求战士们有准确的音响记忆。医生为了给病人检查身体，诊断疾病，常常用听诊器听病人的胸音，这就要求医生有优秀的音响记忆，才能辨明病人的病情，并予以及时确诊。

你一定有这样的体会，听到消防车的呼啸声就赶紧让开大路；听到鸡、鸭、鹅的声音就会浮现出鸡、鸭、鹅的形象；从一串脚步声可以听出来人是自己的同学；从一阵笑声可以想象到对方的高兴程度。我们运用汉语、方言，以及学习外语，都要靠声音这个媒介。

更有趣的是，连母腹中的胎儿对音响也有明显的记忆。可见，音响在记忆过程中的作用是不可忽视的。所以说没有音响便没有记忆。这种提法你也许觉得过于偏激，但事实确是如此。外国许多科学家做过许多次实验，结果证明，在没有音响的环境中，人的正常心理机能将遭到破坏。实验的方法是，让被试者在绝对隔音的房间里自学，结果他们都相继进入梦乡。让被试者在地下深处的特殊房间里单独地完全隔离，时间一长，被试者的大脑神经系统趋于紊乱。特别是在感觉剥夺实验中，让被试者躺在一张床上，蒙上眼睛，堵上耳朵，绑住手脚，结果，没有几个人能坚持到一周。实验期间发现，被试者注意力不能集中，不能进行连续而清晰的思考，有的人产生幻觉，有的人变成神经质，有的人甚至惊恐万状。实验后，对被试者进行心理测验的结果表明，他们进行精细活动的能力，识别图形的知觉能力、连续集中注意的能力、记忆东西的能力以及思维的能力都受到严重影响。有的人很多天之后还不能学习。正如心理学家谢切诺夫所指出的："绝对的、死气沉沉的寂静并不能提高，而且能降低智力工作的效果。"

（二）如何利用音响增进记忆

严格地说，音响不是音乐，但音响与记忆的关系极为密切，再者，音响在某种情况下与音乐没有明显的界线，那么如何利用音响增进记忆也是我们增进记忆的途径之一。

1. 多朗读、多背诵

实践证明多朗读和背诵都是增进记忆的好方法。朗读时眼、脑、口、耳一起活动，文字符号反映到眼睛，再传入大脑，大脑命令嘴巴发音，耳朵听后报告脑子，辨别正确与否；背诵只省去了眼看的环节，但迫使大脑抓紧回忆，朗读和背诵都发挥了声音的媒介作用，为记忆开辟了听觉的坦途。

2. 听录音

听录音的方法有两种，一种是听别人的声音，一时记不全面时，用录音设备记录下来，有时间再补上一课。另一种是听自己的，听自己的录音总不太像，因为我们听自己讲话的声音，多是通过自己身体组织传导的，而录音后听到的声音是靠空气传导的，这种录音既容易诱发兴趣，又是自己熟悉的内容，所以会收到较好的记忆效果。

第八章

最基本的方法，是成就超级记忆的起点

成功的记忆要灵活运用适合自己的记忆方法，要在生活中多动脑筋想办法，找出最适合的记忆技巧；要从记住身边小事开始，如一个人名，一个地点，某个时间等，它需要一些简单的记忆方法，同时它们也是最实用的记忆方法，这种主动和有趣味的点滴积累，能够促使头脑越来越灵活，从而不断增强记忆力。

一、千万不要忽略随手可得的记忆法

我们在每天的生活中，有许多感受，碰到大量的事实和产生各种想法。我们必须迅速地选择哪些是重要的，哪些是次要的。我们自动地、无意识地淘汰了许多事实，放弃了它们，不花一点力气去记忆它们。这种以优汰劣的习惯养成后，记忆效率便会大大提升。

（一）重要的事放在开头和末尾

在一个小时的授课和讲演中，据说把重要的问题放在开头和末尾十分钟来讲最有效果。

人都有一种好奇心“听他到底是怎么开头的”，末了有一种结束感：“到这里，大概就快完了吧。”

人的精神不大可能连续紧张一个钟头，中间总容易出现松弛状态。所以要在精神容易集中的开头和末尾，让听众把重要的地方记住。我们自己学习的时候，也是在开头和末尾学习最重要的问题，较为易记。

总的来讲，开头和末尾的材料才好记。比如把要记忆的东西写成若干条时，只有开头和末尾那条较为好记，正中间和相邻两侧的就比较难记。所以必须把最重要的东西写在两端。

很多人都有这种体会，在考试前背诵英语单词时，A、B、C开头的一些词会记忆得很好，但是往后就不容易记了，等到了末尾的X、Y、Z开头的那一部分又能记住了。

所以为了不遗漏，全都记下来，改变顺序来记。从中间往前或往后记，都是很好的方法。

此外还有这样的情形。比如有人突然问："两周以前的星期三下午两点左右你在于什么?"除非那一天发生了特别值得记忆的事件，否则是很难想得起来的。另一方面，那天若不是星期三，而是星期一或星期六，会怎样呢？如果是星期一，就会有这样的联想："啊，那一周的星期天，到哪里了？因为接下来一天就是星期一。"

如果是星期六，因那是周末，次日就是星期天，所以很容易想起来。

由此可见，开头和末尾所做的事情容易留下印象，月初和月终的事情容易记得住，也是同样的道理。

此外，还有数不尽的事情都是用这个办法记忆的。在歌舞晚会中，往往开头和末尾的节目都是受欢迎的。按候选人申报顺序张贴的各种宣传画，安排的演讲，不管其内容如何，其开头和末尾的一个总是引人注目的。

当然，记忆的第一步是要有识记的意图。然而，也有本来没有任何意图，到后来才感到非记不可的场合。在这种场合，仍然是开头和末尾的容易想起。要求别人记忆时，一定要牢记这条原则。

（二）勤快的双手是记忆的保证

当代的心理学家蒂尔逊曾说："记忆和脑中其他广大范围部分有关。"另外，身体运动与脑部作用也有着非常密切的关系。这就是说，手部或手指的运动不仅会刺激脑部，更重要的是促使记忆活性化。

很早以前，据说喜欢打毛衣或做女红的老太太，不仅长寿而且不容易痴呆。此外，钢琴家也很长命，而且很多人都头脑清晰灵活。我们经常看到一些老人拿着铁球一直在手中转来转去。这不仅是用来做保健，同时也是防止头脑迟钝的有效方法。

虽然不知道其中艰深的理论，然而透过人们的体验，也能了解到手指的运动与记忆的关系。

因此，想要记忆什么事物时，如果一边记一边让手也动一动的话，效果应该会更好。因为这样，头脑也会跟着运动起来。

例如：要记忆英语单词的拼法或者中文意思时，如果只是用眼睛看或随口念念的话，很快就会忘记。但是，一面写、一面记住该事项，或平时经常书写该事项的话，是非常不容易遗忘的，万一忘记了，只要用笔或用手指做写的动作，那么很快地即会想起来了。不论是有意识或无意识，只要反复好几次重复动作，手就会把写的事项记忆下来。

写字时，会产生手的运动感，如拿笔时手指的压觉，移动笔时手指的动作等各种感觉。根据字体的不同，有的需要使用均等的力气来写，或者需要有运动感觉的微妙变化，这种变化，会轻易刺激与运动感觉有关的脑神经细胞。

如果说是用写来记忆或使用手的感觉来记忆，不如说手把写字时的感觉都记忆了下来，比较正确。

用双手记忆的最好办法就是记笔记，用一本笔记本记多种内容可增加记忆。

大部分学生做笔记的时候，都是一个科目用一个笔记本。在老师上课的时候，这种方法还可以用，但在整理笔记内容而做复习的准备时，这未必是一种好办法。

比如说，笔记本的第 1 页到第 10 页，作为记英语单词用，第 11 页到第 20 页则用来记数学笔记公式，第 21 到第 30 页，作为记历史的内容用。也就是说，把一本笔记本多元化，会增加记忆的效果。假若翻阅笔记本，每一页都是英语单词、音标、英文、句子，看了都会使人头痛。如果强行记忆，也会因为重叠效应而使记忆被抑制，即使花了很多时间效果依然很小。

一本笔记本多项内容，可以避免心理感受达到饱和的状态，还可以让双手感受到不同的记忆触点，不断地变化可以使记忆鲜明而持久。

另外查字典时，也是让手的运动感觉或触觉参加记忆的好方法。翻字典，并用手指在密密麻麻的字里行间找寻需要的词句，这时手的感觉与记忆内容成为一体，从而将语句的写法或形状记入脑中，而为以后提取记忆提供线索。把参考书等已学习的页数一角折起来，也是有效的记忆方法。虽然只是个小动作，但手的运动感觉会刺激脑，与翻字典的作用一样，会变成提取记忆时的线索。

当运用身体某部分记忆时，那部分相应的细胞也会跟着动起来，那么存在的记忆，也就和脑细胞的运动一起活跃起来了，只要这样做记忆也就稳定下来。

背圆周率时，可以手一边动一边走着来背。当把手张开到不能再开的时候，整个头脑就会活动起来。大家不妨也尝试看看。

（三）读出声来能够帮助记忆

儿时在学校读书，常常朗读教科书，或把英语课本用录音机录下来，而到成人之后，我们再读书时就默读了。默读，读起来快，又不至于干扰他人。

但是小说以及评论等等姑且不说，辞典、事典、英文、汉文、诗等等，还是以出声朗读容易记忆。特别是头脑不清醒或发胀的时候，不妨清楚地发出声来读。发出声音读这一肌肉运动，能使脑子紧张，别的事情也不能挤进头脑里来，它可使注意力集中到一点上，显出记忆事物的姿态。

而且因自己发声和听自己声音这两种活动同时进行，同时开动两种器官，就能够增强对脑子的刺激效果。

以发掘特洛伊遗迹闻名的考古学家 H·施利曼，也以语言学的天才为人所熟知。他精通古希腊语，以及其他几国语言，他的学习法就是朗读。同一篇文章，他多次反复地用大声来读。而且常常读到夜深，听说因为这样，他多次从公寓里被赶了出来。

据说施利曼学习一种外国语时，他仅用三到六个月就能完全记住，学得精记得牢。尽管欧洲语言都以拉丁语为基础，比较好记，然而他毕竟是很了不起的。

用辞典查英语单词时，比如嘴里一边念着“power power power……”一边翻书页，就能够较快地翻到。要是不出声，因为相似结构的单词就在附近，容易弄错。另外，啪啦啪啦翻动书页时，突然一个引人注目的词跳入眼里，就会考察这个词，而把自己本想找的词忘记了。如果嘴里老是念着要找的单词，就能直接去找到它。读出声来可使注意力集中，时时在判断着所查的是否正确。

不少学生以为翻辞典是件麻烦事，可是，如果不厌其烦地翻阅，过一段时间翻阅辞典的次数自然而然地就会减少。所以，开始的时候每字必查，看起来好像学习毫无进展，闯过了这一关之后，学习外语的乐趣也就会随之而来。

看英文报纸、杂志仍以发声读为好。这是提高英语能力的极有成效的办法。在公共场所发出很大的读书声会干扰别人，但在没人的地方读则没有关系。遇到不懂的单词可以不管，只作朗读训练。过后再为了查明词义去查阅字典，就会完全掌握了。

二、运用常规提升记忆

记忆力是什么？科学家认为记忆力可分为短期记忆力、中期记忆力和长期记忆力。短期记忆力的实质是大脑的即时生理生化反应的重复，而中期和长期的记忆力则是大脑细胞内发生了结构改变，建立了固定联系。那么，如何提升自己的记忆力呢？方法和途径很多，但一些常规的记忆方法，既实用又有效。

（一）限定时间记忆

大脑也有惰性，但是当一个人遇到有时间限制的记忆，大脑就会自动地摆出“背水一战”的阵势——头脑的各部机能全部集中精力，通力合作对准要记忆的目标，这时记忆的效果极好。

常常听演员问：“离开拍还有几天？”临到开拍前，背诵台词的能力就会突然倍增。

上述示例告诉我们，到节骨眼上，人会加劲鞭挞自己进行记忆。所以，当你发觉自己读书效率不高的时候，就可故意瞪着眼睛望着时针，限定时间进行记忆，这样做必定能够再度加把劲。

相信有人会有这样的体验，为了要在某种场合发表研究报告，要提早几个月就开始做准备。可是虽然做了长期的准备，但是到发表时却依然不尽理想。相反，有时候突如其来地碰到一个非发表不可的场合，眼看着日子逼近了，心想一定无法顺利地发表，不免焦急万分。但是随着日子的逼近，焦急感的增加，紧张的情绪也会跟着高昂起来。而高昂的情绪会刺激你的大脑，逼使你的意志集中，使你一下子就完成了报告。有时候，你费了好几个月时间一直不能解决的症结，到了你要去演讲的前夕，却突然开窍了，使你所要发表的研究报告，得以满意地如期完成。

（二）由易到难记忆法

即使要记忆的材料再多，如果你先挑出容易的记忆，不知不觉中就会记忆下很多。这时候，如果你再回顾一下自己前面所记的材料或事物，你就会惊异地发现，自己竟然已经记忆了这么多了。这种感觉能够减轻你记忆时的负担，使你一口气就全都记完。容易记的先记，也有助于消除因过量而产生的厌烦感，使你能在短时间内，征服大量的材料。要消除因量或质而来的厌烦感，就该减少量或改变质。表面上看起来，这好像是在绕大圈子，实际上，这却是一种迂回的捷径。

如果你坐在一张摆满了大盘大碗的各式中国菜的大圆桌旁，东道主说："请用!"这时，虽然眼前尽是些山珍海味，但是，因为菜太多了，看了之后反而没有胃口了。可是，如果是一盘一盘地端出来，食欲一定会油然而生的。那种"下一盘是什么?"的期待感，会引起你的食欲。

记忆的道理也是这样。如果同时有一大堆材料摆在眼前要你记忆的话，相信你连要去记忆它的意念都不会涌出。如果摆在眼前的是一盘盘的佳肴，你尽可依自己的兴趣，吃些你爱吃的，不爱吃的即使不吃也无妨。但是，如果摆在眼前的是考试要考的内容，你就不能像吃菜一样，只记忆一点，其他不管了。这时候你必须做的第一件事就是，消除心中足以妨碍记忆的厌烦感。你不要把所有的材料全都放在眼前，而该像酒店里上菜一样，一盘一盘地逐一拿出来，分别记忆。在你看了那么多要记的材料后，一定会发现这个很容易记住的方法。那么你就可以把容易记的材料，像和你以前所做过的难度相似的化学题目，音节较少的英文单词一样，都可以挑出来先记。在你记完这些容易的材料之后，你的记忆，必定能产生准确而持久的记忆效果。

记忆有如马拉松赛跑，如果使自己受时间的限制，而出力过早，到头来反而会造成严重的不良后果，甚至昏倒。

（三）循序渐进记忆法

南宋理学家朱熹打比方说，读书不循序渐进，就像一个饿肚子的人走进了饭馆，看到大盆小碗、鱼肉糕点，恨不得一口都吞下去，于是粗嚼快咽，虽然也填满了肚子，但是没有尝到菜肴的滋味，甚至还可能因消化不良而引起疾病。这种贪多嚼不烂的学习或记忆方法，当然无法取得良好的效果。

把记忆比作吃东西，可以给人以启示；既然良好的记忆依赖于以往知识结构之间的联系，那么记忆也需要自己的基础。因此，在记忆的时候只有循序渐进、逐步积累才能收到良好的效果。一味贪多求快，结果反而欲速则不达。循序渐进是记忆和积累知识的一个重要方法，表面看起来好像慢一些，实际上是合乎科学的记忆方法。

"从前，有一个愚昧无知的富翁。一天，他到另一个富翁的家里去，看见一幢三层楼房，高大壮丽、宽敞明亮，心里很羡慕。他想，我的钱并不比他少，为何不也盖这样一幢三层楼。于是，他把匠人叫来问道，那家的三层楼房是你造的吗？匠人回答说：是我造的。富翁说，你也为我造那样一幢楼吧。匠人就在地上垒砖盖起房子来了。这个愚昧无知的富翁见匠人在地上垒砖，心里纳闷，就问道，你垒砖做什么？匠人说：盖三层楼呀！富翁说，我不要下面的两层，你还是为我盖最上一层吧！匠人说，哪有这样的事，不盖第一层，怎么能盖第二层；不盖第二层，哪里有第三层。富翁不听。他说，下面两层我用不着。一定要匠人先给他盖第三层。许多人听了这件事，都笑话那个富翁，说：哪里有不盖第一层而能盖第三层的事……"

这则寓言讽刺了富翁的愚蠢。求学问也好比盖高楼，必须先打好基础，而且要一层一层地往上盖。这就是循序渐进的学习规律。

（四）适当速度记忆法

记忆速度如同其他事物一样，在质和量的交叉点上有一个合理的界限标准。每个人摸索出自己适当的记忆速度，是记忆成功的关键之一。

就学习记忆速度问题在儿童身上做过实验。实验分成三组，被试者的智力水平及学习成绩大致相同。同一篇材料，第一组用 2 分钟时间读完，第二组用 6 分钟，第三组用 10 分钟。读完之后，要求被试者把故事叙述出来。结果表明，第一组平均每个被试者复述出来意义连贯的内容得 6. 3 分，第二组得 9. 5 分，第三组得 5. 2 分。由实验结果得知，学习效果最好的是既不快又不慢的第二组。

记忆速度过快，对记忆的东西理解不深，贪多嚼不烂，结果钻不进去，因而思想很容易“开小差”。学习速度太慢，思维过程中容易出现“空隙”，神经系统往往容易出现惰性，于是思想会不由自主地“开小差”。记忆的速度是学习者在学习时保持注意的重要条件，因为必要的记忆速度会使学习活动非常紧凑。确定记忆速度要依据自己掌握的知识基础，不宜过快，也不宜过慢。当然，记忆速度的掌握是要在实践中逐渐摸索的，这里有一个学习习惯的培养问题。

三、全脑阅读，让左右脑同时运作起来

全脑阅读是一种能让左右两个半脑同时运作的方法，它能在阅读中使左脑和右脑同时得到开发，使之协调一致，彼此配合，以达到开发大脑潜能、提高阅读效率的目的。

（一）如何运用全脑阅读

第一，全脑快速阅读。全脑快速阅读是人们从文字中迅速有效地提取所需要的信息的阅读方法。在生活中，大多数人在读书的时候喜欢念出声音，但是这种方式是从左脑输入信息的，所以阅读的速度相对较慢。而全

脑快速阅读是视读法，把文字当作图片，从右脑输入信息，进而在全脑进行处理。由于全脑直接反映而省去了发音和听觉器官的活动，所以这样能大大提高人们的阅读速度。

第二，全脑图示阅读。这种方法的特点是以“图”释“文”。它讲究形象性、整体性、凝练性和美学性。这种方法也是从右脑输入信息，进而进行全脑处理的，图示是展示文章的“屏幕”，也是学习文章的“导游图”，是阅读数字的微型形象课文。

第三，全脑反刍阅读。这种方法要求我们要同时进行语感训练和形感训练。通常而言语感训练就是指通过诵读领悟法，触发意会法、语境揣摩法、比较推敲法、练笔感受法等，从整体上培养对语言的敏感。而形感训练则是通过说文解字法、角色扮演法、想象作文法等，培养对形象的敏感。

这三种训练方法，前两种的训练侧重于右脑的开发，而第三种训练方式则侧重于左脑。当我们能交替熟练运用这三种训练方式的时候，我们的阅读效率就能得到提高。

除了以上三种训练方法，在全脑阅读训练的过程中，我们还需要重视精读法。所谓精读就是读文章的时候逐字逐句、逐段逐节、深入细致地阅读，要把握基本的概念、理论、观点以及全部内容，并且进行研究与探索，这样的阅读才算得上是精读。精读法需要我们慢慢地去品读，只有这样才能更好地消化和吸收书中的内容和精粹。很多自我进修、自学成才的人士也是采取这种方式来阅读的。

精读法训练需要人们做到“五到”：即心到、口到、眼到、手到和脑到。

所谓心到，就是要求人们在阅读的时候应该集中精力，做到全神贯注；口到就是指在背诵和朗读的时候声音要清楚和响亮；眼到就是指在阅读的时候眼睛要做到及时聚焦，认真仔细地阅读；手到就是指在阅读的时候要养成做笔记或摘要的习惯；脑到就是指在阅读的时候多问自己几个为什么，让大脑一直保持思考。

通常而言，如果你阅读的目的在于分析和解决问题，那么就可以对自己需要的材料展开精读，而其他与自己无关紧要或者与自己并没有多大联系的资料，就不需要精读了，这样还可以减少时间和精力的浪费。

而且，在全脑阅读的过程中，为了能在最短的时间内加强效率和效果，增强驾驭知识的能力，就一定要学会把握详略。如果你在阅读的时候总是想要做到面面俱到，不论什么都不舍得放弃，没有选择和侧重的话，那么就会给自己造成极大的浪费。此时，你可以采用略读的方法。

扫描阅读的方法也是全脑阅读的一种，这种阅读方式也能大幅提高人们的阅读速度。使用这种阅读方法进行泛读、略读或精读，其速度更是能快于常人。

扫描阅读并非指人们走马观花地阅读一遍就可以了，这种阅读方法不仅要求速度，而且更加要求质量。

（二）扫描阅读法具体怎样进行

（1）反应速度要快。这就要求我们在进行扫描阅读之前要集中自己的注意力，提高反应速度，让眼睛和大脑的反应都能灵敏自如，且彼此之间的配合达到协调一致。

（2）在阅读的时候要遵循视读原则。阅读的时候可以采用默读的方式，这样能使人们的注意力停留在重要内容上面，而对那些不重要的内容直接略读就可以了。

（3）要遵循逐步升级的原则。最开始进行扫描阅读训练的时候切记不可急功近利，一定要由慢到快循序渐进。

（4）要对掌握简单的语法。在阅读的时候，你应该对连接词、副词等尽量熟悉，这样在阅读的时候，对这些没有必要的修饰性的词语可以直接跳过，留着精力去捕捉关键的信息。

（5）要注意积累。这要求我们要在日常生活中做足功夫，这样我们的阅读才会进行得更顺利。

总之，不论我们选择什么样的阅读方式，都应该以自己的知识体系为基础，将我们的阅读方式建立在知识体系上。全脑阅读法只有建立在这个基础上，才能进行得更加顺利和有效，才能让我们的阅读变得更快捷、更有效、更实用。

四、增强记忆的最佳记忆时间

通常而言，一个人的最佳记忆时间很大程度上取决于个人的睡眠方式。按照睡眠方式来划分，人大体可以分为两大类，即“晚睡型”和“早睡型”。那么，晚睡型和早睡型又是怎样划分的呢？

“晚睡型”的人通常一上床立刻就能睡着，而且只要过很短的时间就能达到沉睡的阶段。晚上的噪音很难把他们吵醒。但是第二天早上他们睡得就不会那么沉，晚上对他们毫无作用的噪音在早上却能把他们吵醒。他们通常一下就能醒过来，不需要漫长的转变过程。

“早睡型”的人与“晚睡型”恰好相反，通常他们入睡的时间很长，而且在睡着后的一小时内特别容易惊醒，稍有声音就能让他们醒来。清晨的时候是他们睡得最沉的时候，所以，他们早上完全醒来需要一个漫长的转换过程。

如果不考虑特殊情况的话，通常“晚睡型”的人学习和记忆的最佳时间是在早上，因为在这个时候他们的五官最为敏感，而且脑细胞的活跃程度也是最高的，此时是接纳新信息的最佳时机。而“早睡型”的人则恰好相反，由于他们早上转醒的时间比较长，所以上午并不是他们记忆的最佳实践，因为此时他们的头脑还处于昏沉之中，等到中午或者下午的时候他们的脑力才达到最佳状态，所以，对于“早睡型”的人来说，一天之中，晚上的时间是他们学习和记忆的最佳时间。此时他们学习较难的材料会显得得心应手，十分轻松。

不过，这个最佳记忆时间也并不是绝对的，因为它同时还受其他客观因素的影响，如智力水平、白天的用脑强度等。如果两个人的智力是相同的，一个整天从事脑力劳动的人和一个白天从事体力劳动的人相比，前者晚上接纳新知识的能力自然比不上后者。

所以，如果想要有效地进行记忆和学习，就应该根据自身的情况，实际考虑各种起决定作用的因素。

当你在学习新内容的时候，不要强迫自己在第一天的时候将其全部掌握，其实只要掌握一部分就可以满足了。让你掌握的这一部分内容能够深入到大脑的内部。两天之后再重复一次，这样你会发现可以少费很多力气而且记得更加牢固。

尽管我们的脑容量是非常大的，但是你仍然要选择自己所需要记忆的事物，并不是说我们要事无巨细地记住身边发生的每一件事，因为，试图记住太多新的东西可能导致干扰和负载过度，而这种状况会让旧的信息更加难以记起，要想避免这个问题就一定要在记忆的时候对信息进行一定的筛选。

你要保证自己一接到任务就处理，从而减轻自己记忆系统的负担，因为这样一来你就不需要对它进行进一步的加工。其实，重要的是你要考虑如何才能让自己分辨出需要深度加工的信息，从而让记忆对付更为重要的信息。就像电话号码一样，你没有必要记住所有人的号码，只要记住你经常打的就可以了。

同时，也不要害怕提问，因为提问是加强记忆的重要方法。要养成设法从别人那里获取信息的好习惯，比如记住人们的姓名之类的信息，这些信息完全不需要你的加工。你可能会觉得提问会让你感到难堪，其实事实并非如此，试想一下，假如你和一位朋友只见过一两次面，如果他对你说“啊，非常抱歉，我不记得你叫什么名字了”，你会因为他的提问而感觉受到侮辱了吗？可能不会。至少这样总比被对方猜错了名字受到的侮辱要小得多。所以，如果在遇到忘记初识朋友姓名时，与其因为猜错别人名字而尴尬，还不如在犯下这种尴尬错误之前就大胆提问，确认对方的名字。人们通过对那些完全不需要加工的信息进行提问来确立事物的正确信息，就会避免假设的干扰，从而增强记忆系统对正确信息的记忆。

五、秘诀虽小，却能起到大的作用

增强记忆的方法数不胜数，但真正实用、有效的还是不多，我们可根据自身条件与爱好选择下面几种主要记忆方法。

（一）一次记事不过“七”

就像一个星期的七天，世界七大洋，世界七大奇观，“七月七鹊桥会”，七十二行，成语里有“七上八下”、“七手八脚”、“七七八八”，中国旧时的迷信，人死后每七天叫一个“七”，满七个“七”即四十九天时叫“断七”，常请和尚道士来念经超度亡灵。显然，七是同我们的生活有很深的缘分的数。

我们先来看这样一个小故事：美国心理学家米勒教授曾对“七”进行了种种实验，结果得到了很有趣味的资料：人一次能够记忆的最大的数量是七，于是他把七叫作“魔力之七”。只要是数量在七以内，不管内容是单词也好，是同类的集合体也好，都是一样的。

由此可见，当我们要记忆很多事项时，不妨把同一性质的东西分类成七以下的小组，记忆的效率就高。分为小组时，分别加上小标题，则比较能够牢牢地抓住全体，以提高记忆力。

而打算归纳记忆书上或讲话的内容时，也可把它划分为几个段落来进行更有效果。这可是巧妙利用了有限的记忆来实现对无限内容的突破。

（二）触景生情最好记

学文科的人可能都有这种感触：一些历史地名老是记不住，太枯燥。

你到过历史上有名的地方，比方说去过南京见过雨花台吗？那个用大石头堆砌起来的地方，只要是看过一次，不管谁都会深受感动，一辈子也不会忘记。这时在历史上发生的有关革命先烈的一桩桩事件，就会在脑子里打转转。

所以，我们应该亲自到那样的地方去，脚踏实地亲自看看那些历史遗迹，把它弄个清楚。在那里去玩味从书本上得到的历史知识，想象当时的情景，缅怀中国革命史上曾发生过的事件。只要站在那里，闭上眼睛，就可以心向往之，引起无限感慨。历史事件一旦和这种感慨结合起来，就会被牢牢地记住，什么时候都可以和实地观察一道回忆起来。

接触实物引起的这种现实感，能够加强理解和记忆。另外亲临现场看看，就会增加对历史的感情，回来之后，就会引起学习和研究有关历史的动机，并有助于加深理解和记忆历史事实。

另外，好奇心也大有助于理解和记忆，哪怕是读一本历史小说，也会引起广泛的好奇心。为了满足这种好奇心，固然可以去翻阅各种文献，但如订立一个称为“历史纪行”那样的计划，去实地考证小说中的历史遗迹，那就会使好奇心得到更大的满足，而且旅行的情趣也会增加。

（三）利用相反、相近关系增强记忆

首先，请看这段文字：“就目前美国的经济来说，通货紧缩的势头将持续一个时期。”在这段文字中，为了正确记忆“通货紧缩”这个词，就来查对与之对立的“通货膨胀”一词，把两者在哪一点上有怎样的不同加以对比记忆。只要记住一方，就自然地掌握了与之对立的另一方词语的意义，把两者结合起来，就能清楚地加以记忆。

反义词如此，近义词也一样。比如想记“股份公司”一词的定义时，就需对其他形式的公司如“有限公司、合股公司、合资公司、独资公司”等也了解清楚，特别是要把对立点和类似点搞明确。

在体育英语中，在棒球用语中有“irregular bound”（不规则弹跳）这样的词语。有时并不觉得这个“irregular”和表示正式选手的“regular”是对立的。（regular = 有规则的，不变的等意义，当名词用时是运动队的正式选手的意思。irregular = regular 的反义词，有不规则的、不法的、非正规的意义。）

（四）记忆对象越少就越鲜明

生活中与学习中，我们常常是被自己打败，而不是被我们的敌人打败。比如，一些非记忆不可的事物，要是一下子摆出 20 或 30 项，就会丧失记忆信心。记忆的事物多了，要把它刻印在脑子里就要更多的精力和时间，记起来也难。

这里介绍一下短时间记很多东西的窍门：

首先，在开始记忆之前，先比较一下哪些是将来有用的，哪些是不

必要的，把不必要的东西舍弃掉。养成“比较”的习惯，从泛滥的信息当中，把真正对自己有用的东西尽快地准确地挑选出来，这也是一种训练。

其次是把必须记忆的东西，按性质相近地加以归纳分类。只要想起这一组事物，也就容易想起其中的每一个了。

把小组里的全部事物概括进去，可写成短文或编成故事。要能把它绘成画保留在头脑里则会更轻松地记住和想出。

（五）边问边记忆效果好

谁都有这样的经验，在大考到来之时，我们总是习惯把英文和译文对照起来拼命去记。但是仅仅这样做，总觉着放心不下，忘记的可能性极大。要想把细节刻在脑子里，怎么办才好呢？

这时，自己多提几个原因，多预想考题的方法就显得十分重要了。比方，出现了一个新单词时，就从意义、拼法、发音、重音等有关这个单词的种种方面加以考虑。还从英文中把重要句法结构挑出来，从译法、应用这种结构写成作文，以及把它改写成别的英文等多方面加以复习。

这样做了，在考场上，不管就那个单词和句法结构提出什么问题，都能很快解答。还可自己出题，自己解答，这能纠正自己理解上的错误，还能发现个别例外的拼法和重音。因而不易遗忘。

在工作上，这样做同样很有好处。比如，明天是自己向上司汇报计划方案的日子，事前自己从各个角度提出问题予以解答。不能心想决不会质问那样的问题，而是要把奇怪的质问也考虑进去，想好答案。

事物仅从一个角度来看，哪怕是立方体也会看成平面形。从上、下、左、右、中各方面来看事物，才能把握住事物的全体，牢牢地把它印在脑子里。由于从多方面观察事情，几项记忆内容相互联结就难以忘却。万一忘记了，也可从几个方面发现线索加以回忆，从而浮现出该事物的整体形象来。

六、善于捕捉线索，在发现中增强记忆

回想忘记的事最重要的，就是不必直接去回想，要先找回想的线索。认为已经记住的事，其本身并非孤立记住，而是和其他种种事物关联，所以只要找出相关联的一点，就有想起所忘记事物的可能。在电影或报纸上，常常看到办案的刑警，仅仅根据在凶案现场找到的一根毛发，然后就能以此为线索而破获全案，记忆的线索就如同这种毛发。

（一）在最初或最后阶段记忆效果好

心理学中有这样的实验：编出毫无意义的字句（如托卡、吉沙……）15 个，订出顺序来按照顺序复述几次，每次都把记下来的打“√”号，没能记住的打“×”号。这种实验的结果显示，差不多都在中间第 7 个或第 8 个字句为中心的地带，“×”号较多。也就是说，最初及最后的部分较容易记住，中间的一些字句不管复述几次都很难记牢。

以专门一点的解释来说，就是反复按顺序做前面字句的记忆后，再做后面字句的记忆，继续这种作业后，后面的字句即受前面字句的影响，回想脑部活动将被抑制。这就是“顺向抑制”。前面的字句则受后面的字句的影响发生“逆向抑制”引起较难记忆的现象。因此，位于顺序中央附近的字句，由于两面受钳制，受到前后两方面的抑制，很不容易记得住。读者也有这种经验吧，例如记英文字母，最初的 ABC 和最后的 XYZ 印象特别深，一下子就能记下来。

（二）醒时比睡时更易忘记

考试当天往往因为过于紧张早上起得太早，或因前一夜开夜车作最后的冲刺，故往往便于脆不睡，继续熬到天亮。这种用功的方法，以扩大记忆量为最大限度去应付考试来说，乃是得不偿失的做法。

因为，心理学家已证实，记忆在醒着的时候和在睡眠的时候，其减

少、消失的量有相当不同程度的差异。

证明这项事实的心理学家杰思肯斯有一项著名的实验。根据这项实验，用功后立刻睡觉时，两小时内有记忆的递减，但此后则未见减少。相反，一直醒着时，用功后 8 小时仍有显著的记忆之减少及消失。

也就是说，用功后可以睡眠来阻止记忆的减少及消失。

那么，为什么会发生这种现象呢？答案是：只要你醒着，无论维持多安静的状态，人的头脑里都会有或多或少的各种干扰信息（刺激）闯进来之故。这种信息的数量越来越多，刚刚记忆的事物，便被新涌进的信息所埋没，越显得不鲜明，不醒目缘故。

由这些事实，你就能够了解，考试当天起得太早，或通宵开夜车，对记忆的保持是多么的不利！对真正要应付的考试，反而会发生反效果了。

（三）"自言自语"有强化记忆的作用

我们常会看见幼儿园的小孩，一个人自言自语玩得很起劲的情景。孩子不断地将自己所想的事物化为语言，然后再由这些语言的刺激来推动自己的行动。这种具有对自己说话的机能之语言，瑞士心理学家比亚杰称它为自己心中的语言。笔者记忆一件事情时，常常使自己返回幼儿时期，将要记忆的内容换成自己的语言，自觉地去自言自语，来加强记忆的效果。思考艰深的逻辑问题时，将它化成语言，也会条理分明，思路自然清晰起来的。

（四）以身体各部分来记忆许多事物

如历史课、社会课、地理课等，需要按顺序记忆许多并列的事物时，因为事物本身往往都非常相似，很不容易记得牢。这种时候，将自己身体的各部分例如头、额头、眼睛、耳朵、鼻子、嘴巴、下颚、脖子、乳房、肚脐、腿……等和需要记忆的事物，巧妙地连接起来记就可造成许多相对的记忆线索，随时可以根据自己的身体，正确地回想起来。例如，记日本政府的各大臣职称，就可以按照这种方法来记："所有大臣的'头'是总理大臣（首相），额头象征理论的判断是法务大臣（主管司法），眼睛乃外部之窗，故是外务大臣（主管外交），耳朵大象征有钱是大藏大臣（主管经济），有学问鼻子高，即文部大臣（主管教育）。”

（五）在异常的环境中记住不想忘记的事

一般人遗失了东西，无形中都会回到记忆里，追溯此物最后所经过或存在的地方去找。同样的道理，要回想曾经记忆过事情，也可以由记忆此事的环境为线索来想。这种方法可以使你很快地，有如沿着“记忆之索”，把你带到记忆之目的地去。

同样，不想忘记的事物，在异常平常的环境里记忆，也有意料之外的效果。例如，从家里飞奔出来，看到最近的公共汽车站便跳入最先到达的公共汽车，在车里默记想记的东西。最要紧的一点是：不要勉强想一次将所要记的东西全部记忆下来，重要的是让它具有唤回记忆的线索。

七、记忆的方法对了，学习便不再是件难事

学习是获得知识的主要途径之一，要想记住日常接触到的知识，一是要有信心，即暗示自己“我能记住”；二是苦练，下大功夫；三是要摸索适合自己的方法。这三种是对每个人的最基本要求，但在学习中，要想真正的记得住记得牢，大致有以下几种有效的方式。

（一）全体学习记忆法

把所要读的材料从头到尾反复阅读，直到熟记为止，这种记忆方法称为全体学习记忆法。

心理学者曾用诗作为记忆材料，比较全体学习记忆法与分段学习记忆法各自的记忆效果。

诗为 20 行，采用分段学习记忆法所需时间是 16 分 12 秒，采用全体学习记忆法所需时间是 14 分 17 秒。全体学习记忆法比分段学习记忆法所节省的时间为 12%。

诗为30行，全体学习记忆法节省的时间为13%。

诗为40行，全体学习记忆法节省的时间为9%。

诗为50行，全体学习记忆法节省的时间为12%。

诗为60行，全体学习记忆法节省的时间为22%。

诗为120行，全体学习记忆法节省的时间为17%。

诗为240行，全体学习记忆法节省的时间为19%。

这一实验表明，全体学习记忆法的记忆效果比较好。

在内容适当的情况下，采用这种记忆法记忆效果好的原因，主要在于容易把握住记忆材料的中心思想，前后各部分较为容易贯串起来。如果要背诵一首短诗，很多人都会认为全体学习记忆法的记忆效果好。

有的学者认为，就学习者的条件来看，年龄较大、智力较高的学习者，采用全体学习记忆法进行学习较其他的记忆方法更为有效。

在一门功课的学习后期，运用全体学习记忆法较有效。就教材的性质来看，学习的内容、意义是连贯的，采用全体学习记忆法记忆效果也好。

（二）分段学习记忆法

把学习的材料分为几个段落，记熟了一段后，再去记另一段。这种学习方法称为分段学习记忆法。分段学习记忆法又可分为三种：纯粹分段学习记忆法，渐进分段学习记忆法和反复分段学习记忆法。

心理学家米罗曾用实验证明，每人平均一次记忆的最大限量是7个左右的数字或单词。因此他把这个数字称为“不可思议的数字——七”（Magical Number SeVen）。依米罗氏的说法，在数字上，8、9、2、5、4、2、7——等7个一位数，和25、15、11、19、43、25、30等7个两位数，对记忆而言都是相同的。在记忆上它们同样都是“7个”数字而已。当然，一位数要比两位数容易记忆，但是一次的记忆量却都是相同的。

人们虽然不需要像米罗氏那样硬要把所学习的材料分为7个一组地来记忆。但是碰到要背历史年代、外语单词或难辞解释的时候，最好还是分段来记比较有效。另外，要是碰到社会科学科目，像地理上的小项目时，如果能加以适当的整理，把握住重点之后再来记，更有利于记住其整个结构。

这里只是对分段学习记忆法做综合的概述。具体运用时还要仔细研读“纯粹分段学习记忆法”、“渐进分段学习记忆法”、“反复分段学习记忆法”，此外，还可以参阅“分组记忆法”等节。

（三）联合学习记忆法

先把全文读一两遍，然后分段学习，最后再联合起来读，这种记忆法称为联合学习记忆法。

学习较长的材料的时候，通常最前面的部分较容易记忆，这在心理学上称为初始效应；最后部分也较容易记住，称为时近效应；而中间部分往往最不容易记住。

有的心理学家曾经用诗歌和历史资料做实验材料，比较全体学习记忆法、分段学习记忆法和联合学习记忆法的效果。结果表明，联合学习记忆法是最好的学习记忆法，无论在记忆的准确性方面和记忆的持久性方面都是最佳的。

在应用联合学习记忆法时，先从头到尾学习一两遍，初步掌握全篇的中心意思，并了解各部分之间的联系，然后采用分段学习记忆法分别学习各个部分，最后再采用全体学习记忆法把全篇各部分联系起来。由此看来，学习记忆方法不是孤立的，要相互取长补短，加以综合运用。

（四）渐进分段学习记忆法

先把所学的材料第一部分、第二部分分别学习，达到一定标准后，再将第一、二部分总起来学习。然后再学习第三部分，接着把第一、二、三部分总起来学，如此类推扩展到整体。这种学习方法称为渐进分段学习记忆法。

例如将要记的东西先分为三个部分，读完第一部分后，接着读第二部分，读完第二部分后，不再继续读第三部分，而回转到第一部分，将第一部分和第二部分再次复习，然后再读第三部分，第三部分读完以后，重新全部复习，然后再继续学习。

欲使记忆深刻，重复记忆是不可缺少的，但是单纯而缺乏技巧的重复，必然浪费时间和精力，记忆的进展也缓慢。有更快更深刻地充实记忆的方法吗？渐进分段学习记忆法是重复记忆方法之一。强化记忆是这种方法的特色。用这种方法记忆，可以防止因时间长久而发生脱落的现象，可以无“后顾之忧”地继续阅读，又不必全部重复练习。这种方法可以把即将阅读的困难部分和已经读过的混合阅读，也能了解全篇所表现的思想。

这种记忆法也称为“渐进反复记忆法”。参阅分段学习记忆法，纯粹分段学习记忆法及反复分段学习记忆法等节。

（五）反复分段学习记忆法

先学习所学材料的第一部分，达到一定标准后再一道学习第一、第二部分，接着学习第一、第二、第三部分，如此类推扩展到整体。这种学习方法称为反复分段学习记忆法。

小提琴的初期教育权威，日本的铃木镇一氏的教育法，即采用这种方法。在铃木氏的教育里，从最简单的《闪烁的星光》教起，在进入下一曲前，还是先回到《闪烁的星光》，往往使四、五岁的幼儿，拉得非常好。

铃木先生是从人类学习本地方言的方法中得到启示的。幼儿在学习语言时，每天听着母亲反复地说着一些相同的话语，自然也就深刻地印在脑海中。回到原出发点，再进入第二阶段、第三阶段……像这样反复地做，次数愈多，效果也愈大，也愈能运用多种的记忆材料。这种学习记忆法与渐进学习记忆法不同。采用反复学习记忆法，第一部分进行完时，不直接进行第二部分，而再回到原出发点，从头再开始进行到第二部分，这也就是反复学习记忆法的特征。即已学之部分再加入新学的部分的这种记忆法，加上的部分愈多，前所学之反复机会也愈多。虽然最初所花的时间比较多，但是记忆会准确、持久的。

这种记忆法也称为直接反复学习记忆法。参阅分段学习记忆法、渐进分段学习记忆法及纯粹分段学习记忆法等节。

（六）分组学习记忆法

把所学习的材料依其个体间的内在联系或在无联系的情况下采用硬性分组记忆。

在记第四周期过渡元素时（第21～30号元素），可以将这10个元素以5个一组分为两组来记。记忆金属活泼性顺序表，可将18个元素分为四组：钾、钙、钠、镁、铝；锰、锌、铬、铁、镍；锡、铅、氢；铜、汞、银、铂、金。

初学者学习元素符号时，为了记住它们，可以按元素周期表中各族的分类来识记，先背名称，再默符号，一族一族记忆，这就是分组记忆的方法。分组时，则尽量采取能使个体间有一定联系的分法（如同族元素）。对没有内在联系的个体（如金属活泼性顺序），则取便于断句（5个一组）的分法。

对于化合物分子式的识记，如果记住了各元素的化合价，自然就易于掌握。而化学方程式的识记，则最好结合元素及其化合物的性质来记，这比把一大堆方程式集中起来记要奏效，这就像记外语单词时最好结合句子或课文来记一样。这种记忆方法的用意在于把机械识记尽量附着在意义识记上。

（七）集中学习记忆法

连续不断地背诵一首诗，直到背熟为止，这种方法称为集中学习记忆法。这种学习记忆法的效果不如分散学习记忆法为好。

其原因有两点：其一，不易使学习者保持兴趣，容易产生厌烦情绪；其二，容易疲劳。从生理机制上看，集中学习记忆法容易使大脑神经活动产生抑制的积累。如果学习者的能力逐渐提高和教材编写得紧凑合理，采用集中学习记忆法的效果就会好些。在学习过程中，要视具体情况，恰当地运用集中学习记忆法，从而提高记忆效果。

有时，由于时间的紧迫，只有一夜的读书时间，你就不得不努力记住大量的知识。这种方法就是集中学习记忆法。这是一种收获比耕耘少的记忆方法。这种不让时间溜走的连续记忆法，倒不如时而停下来休息休息再学习的记忆方法。

虽然你只有一夜的时间，没有多余的时间来休息，但如果要使记忆效率提高，就得时而抽出一段休息的时间。这不仅能使你的记忆持久，也能提高你下一段时间记忆的效率，并使你的记忆正确无误。

就教材的性质来看，无意义材料的学习，特别在学习初期，集中学习记忆法比分散学习记忆法效果差。解决问题的学习特别是在开始阶段，则以集中学习记忆法有效。就教材的分量和难度来看，随着教材的难度增高，教材分量的增加，集中学习记忆法比分散学习记忆法效果差。

（八）分散学习记忆法

背诵一首诗，每天背诵几遍，直到背熟为止，这种方法称为分散学习记忆法。这种学习记忆法的效果较集中学习记忆法强一些。

集中学习记忆法与分散学习记忆法哪一种效果好，心理学家在这方面做过实验。例如，一种学习材料，分别采用集中学习记忆法与分散学习记忆法，前者一天读 5 次，后者一天读 1 次，分 5 天读，两个星期后回忆，实验结果表明，前者保存 13.13%，后者保存 37.26%。一个月后回忆，采用集中学习记忆法的仅保存 11.49%，而采用分散学习记忆法的则保存 30.59%。

上述示例表明，分散学习记忆法比集中学习记忆法的效果好。为什么分散学习记忆法比集中学习记忆法效果好呢？这是因为，首先可以使学习者保持兴趣，避免厌烦。其次，可以使学习者不致产生疲劳。从生理机制来看，集中学习记忆法容易使大脑神经活动产生抑制的积累，而分散学习记忆法则可使抑制消除。

分散学习记忆法效果较好，并不是说越分散越好。如果一篇诗作读一遍以后，再隔半年读第二遍，其记忆效果肯定是不会好的。那么每一次学习间隔多长时间适当呢？一般来说，每次间隔的时间从半小时到 24 小时为好。

八、懂得深度记忆，从此不怕遗忘

记忆是人类大脑生命的支柱，记忆制约着我们的整个存在。人类之所以能够认识世界、改造世界而成为“万物之灵”，关键就在于人类具有卓越的思维能力、记忆能力。正是依靠这些思维、记忆能力，人类才得以学习、积累和应用各种知识、经验，才能不断地推动历史的发展和社会的进步。如何让我们从外界获得的信息不会忘记，则需要进行深度记忆。深度记忆的方式比较多，最为实用的有以下几种。

（一）实践记忆法

高中数学老师把数学难题写在黑板上，然后再巧妙地一项项地变化解说，仿佛是魔术师在变完魔术之后再逐步解释自己的变化步骤一样。他们在这种教学过程当中，增加自己对数学难题的解题“能力”，并且加强其对这种解法的“记忆”。他们历年所教的都是同样的教材，所以难题也都是大同小异的。经历久了，他们一见到某种题目时，脑子里就会立刻浮现出解题的步骤。

学理科的做理化实验，就能进一步把有关的概念、公式记牢。所以，我们如果要保持记忆的新鲜，就得常常通过演算和实验运用自己的记忆。这也是增强记忆力所不可缺少的条件。记忆并不像钱包里的钱，或是杯中的水，愈用愈少。相反，你越用它，就越刺激它，它的能力就加强并能使你本来记不完全的材料或事物变得完整而正确，最后达到随时取用方便的地步。所以，你所记住的知识，不要把它丢进脑子里不管，有时也该拿出来用用才好。那位数学教师达到那种能力的秘诀就是不断地重复使用自己的记忆。

法国十八世纪最杰出的资产阶级启蒙思想家卢梭很注意把书本知识与实际应用联系起来，把书读活。他学了音乐，就从事乐谱创作；学了数学就去丈量土地，学了药物学，就给华伦夫人采药、制药；学了意大利文，就替别人当翻译，进行口译练习。他白天学习天文学，夜晚就用望远镜观察星象。卢梭是靠自学成才的学者，后来他享有极高的成就。

（二）“回嚼”记忆法

反复读，反复琢磨，加深理解所记忆的材料或事物的方法称为“回嚼”记忆法。

在读书时，经常会遇到这样的情况：有些内容一遍读不懂，需要读第二遍、第三遍；有些内容当时理解了，过段时间又不理解了，需要回过头来温习；有些内容懂了，也记住了，但再回过头来看看，能起到加深理解、举一反三的作用。

这和牛吃草的道理是同样的。牛吃草，先是一口一口吞下去，休息时再倒回嘴里细细咀嚼。这种“回嚼”消化草料、吸收营养的方法，对于人类记忆也有启示。“回嚼”对于记忆或巩固记忆非常重要。有人读书不喜欢“热剩饭”，感到“没味道”。认为不如读新内容“痛快”，这种想法是不足取的。

在对幼儿的教育当中也证明了重复讲述同一个故事，其记忆效果好。十九世纪德国柏林大学有一位法学教授，他叫卡尔·威特。他之所以能出类拔萃，就是因为小时候父亲对他总是讲述同一故事。威特的父亲在一本叫《卡尔·威特的教育》一书中介绍说：威特能熟练地掌握六国语言，就是大人反复讲述并让孩子自己阅读同一故事的结果。例如对安徒生的童话，他反复讲给卡尔听，然后，让卡尔学习一门外语，就用这门外语朗读这个故事。这一方法非常有效，卡尔就用这一方法很快地掌握了英语、法语、意大利语、拉丁语、希腊语。

（三）过量学习记忆法

为了保持记忆的效率，学习任何材料之后，过量学习是必要的。学习某种材料能达到背诵时不要马上停止，应该继续再学习几遍。过量学习的次数保持在超过0.5～1倍的效果较为理想。过量学习的次数超过上述限度，则会起相反的作用，即其记忆的效果逐渐降低。

学习 10 个英语生词练习 4 遍就全部记忆住。为了保持记忆的效率，再增加 2 ~4 遍是必要的。增加两次即增加 0.5 倍练习，称为过量学习 50%，增加 4 次练习称为过量学习 100%。

学习一种内容需要不断地重复。那么，是否重复越多越好呢？不是的。心理学者的研究成果表明，过量学习次数保持在 50% ~100% 较为满意。过量学习的次数过多，反而会遗忘得更快些。这种现象初看起来似乎很奇怪，其实这正反映了记忆的一种规律：机械记忆重复得过多，会使学习变得枯燥无味，失去兴趣。这是因为在这种情况下大脑皮层不仅不处在兴奋状态，反而会走向反面，转成抑制状态。恰当地掌握过量重复的次数，就可以避免做吃力不讨好的事。怎样才知道自己过量重复几遍才能达到恰到好处的程度呢？可以用尝试回忆的办法来摸摸自己的底。背某一种材料，不要忽视自己是否记住了，闷着头一遍接一遍地往下读，应该经常停下来尝试回忆和背诵，这样做就很容易发现自己什么时候已经可以背诵下来了。在这个基础上，再花上大约 50% ~100% 的力量巩固一下，也就算可以了。

尝试回忆学过的内容远比一遍接一遍地照本宣科费力气。尤其是在尝试回忆发生困难的时候，一下子想不起来，记忆不确切，那就更要动脑筋了。对于加深记忆印象来说，动脑筋是一件好事，这时大脑皮层细胞处在更为活动的状态，也就是更容易形成巩固记忆所必需的暂时的神经联系，当然也就有利于记忆。即使在尝试回忆的时候有某一部分内容实在回忆不起来了，卡住也没关系，下次再重复的时候就会格外注意卡住的地方，印象也就会加深。尝试回忆的益处还在于可以帮助学习者了解记忆中的难点，更适当地安排时间。记外语单词即使一次只记 10 个，也不要平均分配力量。有的单词跟其他学过的单词有联系，可能很快就记住。例如，先前已经学过 foot（脚）和 ball（球），那么再学 football（足球）就比较容易。通过尝试回忆发现这个单词已经记住了，就不要在这个单词上过量地重复了。可是 bedroom（卧室）这个单词不好记，太长，以前又没见过，几次尝试都发现这个单词没有背下来，那就最好集中力最把这个单词多重复几遍加深印象，不要每次都把 10 个词从头读到尾。尝试回忆的益处还不止这些，实验证明，在记忆过程中，用在尝试回忆上的时间愈多，记忆效果也愈好。

在运用尝试回忆这一方法的时候，要注意记忆材料的准确性。要认真检查回忆得是否正确，一旦发现有误，下次重复的时候要得到及时纠正。这是因为最初的尝试回忆有很大的稳定性，如果不及时纠正，就会形成习惯性的错误，以后纠正起来就困难得多。

（四）多角度重复练习记忆法

为了要使记忆深刻化，重复练习时必须运用各种不同的方法。虽然是同样的内容，但用不同的方法重复练习，使人感到比较新鲜，也能深入理解内容，达到更好的效果。

读历史课时，首先看教材，重复地阅读直到记忆下来；其次背诵历史年代表，然后阅读参考书；再其次看历史地图，进一步搜集问题。以各种不同的角度记忆，无论预习或复习都可以用这种方法。如果也能以各种不同的形态来上课，那历史科就不再刻板无味了。以这种变化形式做重复复习，每一次的思考方针都不一样，使用的方法也不相同，用这种方法可以得到很好的复习效果。

英语的单词、历史的年代、人名和功绩、化学方程式、数学或物理的公式，在头一次记忆的时候，要不断地重复练习，有时必须像念经一般，在嘴里重复地念出来。但是，单纯的机械重复练习使用过多会使人产生厌烦情绪，往往出现只是用眼睛浏览要记忆的材料，没有深刻的重复记忆，并不是一种效率高的好方法。多角度重复练习记忆法是应运而生的方法。

记英语单词也可以采用这种方法。方法不只是看英文单词翻成中文一种，可以只看英文单词簿，由中文想出英文单词，或者翻译包含这个单词的短文，或者用这个单词作一篇英文作文，这些都是很好的方法。这种多角度重复练习的方法会使记忆的强度增加，也会使记忆持久。

（五）三次读书记忆法

需要精读的书，最低限度要读三次。第一次从头读到尾，把握住全书的大意，在重要的地方，以铅笔划横线为记。第二次，将重点放在理论的展开上，重要的语句或文章的横边划一直线。最后一次，在重要字句和事项上画圆圈。就是说，一本书以不同的方法读8次，抓住全书的脉络，再探查重要的地方，然后，仔细阅读重要事项。就可以把全书有机地串联起来，也就能记忆下来。

初次登上大学讲台的教师可能会有这种体会：教学之前，也就是上讲台以前，你将教材仔细地通读了一遍，自认为对内容已有了充分的了解。心想，有了这一番准备，至少可以讲上2~3个小时应该说没有问题了。但是，开始讲课后，没过多久所有的材料就讲完了，头脑里空空的，再无可说的材料了，出了满身的冷汗。经过这次教训，你才知道自己的记忆力是多么的不可靠。只读一次的记忆，经过一天，细微的部分就会忘掉，单单留下大概的印象。自然无法正常地进行90分钟的教学。

这种三次读书记忆法的关键在于重复集中的读会提高了解度和记忆度。教科书和主要参考书最少读3次。

（六）变换顺序复习记忆法

复习时抛弃原先记忆的顺序，而要自由地变换记忆的顺序，这是复习的一个好方法。历史本来是以时间的前后顺序发展的，复习时，打破“时间系列”的顺序复习，会强化记忆。即使是遇到历史科里将时代打散的考题，也不会感到困扰迷惑。变换顺序，从自己喜欢的地方开始复习，能防止记忆的散漫，也能转换气氛。无论如何用功也没有好成绩而烦恼的学习者，请你不妨试一试这个方法。

“没有复习就没有记忆”这样说并不过分，因为复习是记忆的后半部。但若复习的方法不得要领，记忆率也无法提高。大多数的人都依照记忆时的一定顺序，以相同的方法进行复习，这种方法确实能将散杂的材料，整理得有条不紊，把握住文章的重点，将顺序的位置固定好再记。要想出来时，只要想出位置的所在，就能一连串地想出来，这是很有效的方法，作为基本复习任何人都会使用这种方法的。但是，这种方法有两个方面的缺点。

其一，记忆会散杂如寸断的丝线。以固定顺序来记忆时，开头和结尾的记忆比较深刻，中间的记忆多半模糊不清。多数人都有相同的毛病，初做一件事时，刚开始都能集中精神，久了以后，精神就会散漫零乱。常常依照同样的顺序重复复习，精神集中的地方和不集中的地方，成为一定的状态，记忆会出现中断的危险。其二，读书缺少变化，记忆的持续力会减退。比如，常常从没兴趣的地方开始读，便会对很厚的一本书产生畏惧感，当然也就提不起精神钻研下去。

（七）八面受敌记忆法

对所要记忆的材料，有选择才能突出，有突出才能做到集中。一本书的内容有如浩瀚的海洋，人的精力不可能一下子全部吸收其养料，只可能得到所急于想记忆的局部问题。

例如，想探究历代兴亡治乱和贤者的影响，那么就只从这个角度去读去记忆，不要考虑其他方面。

苏东坡学识渊博，有人向他请教治学经验，苏东坡谈到他自己读书用的是“八面受敌”法，意思是：一本书的内容是很丰富的，人的精力不可能一下子全部吸收，只可能得到所希望了解的某一个方面。所以学的人每次读书的时候，只应集中注重一个问题。这个办法虽然有些笨，但所记忆的知识各方面都经得住考验，和泛泛而读不作深入钻研大不一样。《孙子兵法》有个重要原则，叫“我专而敌分”。如果八面受敌，则我不应八面出击，而要集中优势兵力达到“以众击寡”，一次次地分割包围，各个击破敌人。苏东坡读书用的就是这种忆记方法。